U0409269

HZ BOOKS
华章心理

终结拖延

HOW TO STOP POSTPONING AND LIVE A FULFILLED LIFE

THE END OF PROCRASTINATION

如何停止拖延，过上充实的生活

[美] 彼得·路德维格（Petr Ludwig）著
王权 译

机械工业出版社
China Machine Press

图书在版编目（CIP）数据

终结拖延：如何停止拖延，过上充实的生活 /（美）彼得·路德维格（Petr Ludwig）著；王权译 . -- 北京：机械工业出版社，2022.1

书名原文：The End of Procrastination: How to Stop Postponing and Live a Fulfilled Life

ISBN 978-7-111-69101-3

I. ①终… II. ①彼… ②王… III. ①成功心理 - 通俗读物 IV. ① B848.4-49

中国版本图书馆 CIP 数据核字（2021）第 198399 号

本书版权登记号：图字 01-2021-2736

终结拖延：如何停止拖延，过上充实的生活

出版发行：机械工业出版社（北京市西城区百万庄大街 22 号 邮政编码：100037）

责任编辑：朱婧琬 彭 箫

责任校对：殷 虹

印 刷：中国电影出版社印刷厂

版 次：2022 年 1 月第 1 版第 1 次印刷

开 本：170mm × 170mm 1/24

印 张：11 10/12

书 号：ISBN 978-7-111-69101-3

定 价：79.00 元

客服电话：（010）88361066 88379833 68326294 投稿热线：（010）88379007

华章网站：www.hzbook.com 读者信箱：hzjg@hzbook.com

目录图示

无效
拖延
缺乏动机
无意义
失望
混乱与压力

内在动机
自我控制
生产率与效率
幸福感
心流
习惯

前　言

大约 10 年前，我确信自己的生命结束了。我的大脑出人意料地不再控制我的一半身体。恐惧和无力感压倒了我，但同时，我又感到一种可怕的平静。我躺在床上，整个人生历程在我眼前一一闪现。我一度觉得自己就像在一条通往光明的隧道里行进，像电影里的场景那样。我开始总结自己的一生，思考其中的失败和成就。渐渐地，我意识到这一事实：我正在死去。

幸运的是，事实证明我想错了。几天后，一切都慢慢恢复正常，所幸我没有对自己或他人造成任何伤害；我与死神擦肩而过，活了下来。这是一生中最令我印象深刻的经历。后来，为了让自己永不忘记那一刻，我对自己草草写下这句话：

我希望自己死去时，能确信
己充实地过完了这一生。

开始践行这一决定时，我发现自己必须战胜一个非常可怕的敌人——拖延症。

之后，我和几个朋友决定搞清楚为什么我们总是拖延，为什么我们如此优柔寡断，效率低下。很快我们发现，近年来人们对这些问题进行了大量的科学研究。基于这些研究，我们整理了一个实用的工具包来与拖延症做斗争。

当意识到这些方法对我们有效时，我们确定，将其与尽可能多的人分享是有益之举。我们开始为公众提供培训课程，也为大学生开设讲座。帮助他人更好地利用时间和潜力，使我们的工作充满了意义。

环游世界之旅给了我很多灵感，让我创造出了对抗拖延症的有效工具。几年来，我造访了许多领先的公司，向这些公司的高管进行了面对面的咨询，探讨如何激励员工以及怎样提高员工的效率。在过去 10 年里，超过 10 万人参加了我们的培训课程，我还举办了多场个人咨询活动。基于客户的经验和反馈，我们逐步完善这一工具，使其发展成现在的样子。

有一次，一位出版商找到我，问我是否想写一本书。我的第一个想法是：“写书？这该是多大的挑战啊。”不过，这似乎也是进一步测试我所传授方法的一种特殊形式。但是，当我真的要写一本关于拖延症的书时，我是会拖延还是会马上去做呢？

由于我性格外向，习惯与人打交道（教学、提供咨询服务），于是，写这本书成了我一生中最大的挑战之一。（写作是一项典型的内向性格者的活动，我不习惯做这样的事情。）为了不拖延写作，我必须尽全力拿出自己所有对付拖延症的武器。

既然你手里捧着这本书了，那就意味着我成功了。我希望你享受这一阅读过程，并且祝你在与拖延症的斗争中一切顺利。你会逐渐成功的，我敢肯定。

彼得·路德维格（Petr Ludwig）

引言

什么是拖延症？为什么要与之斗争

拖延症

= 一切都属于明天

拖延症

= 有意识地或者习惯性地推迟做事

如果你曾经难以说服自己去做应该做的或者想做的事情，你就有拖延症。拖延的时候，你总是在做些琐碎的事情，而不是完成一些重要的、有意义的任务。

如果你是典型的拖延者，你也许花过多的时间贪睡、看电视、玩视频游戏、浏览社交网站、吃东西（即使你不饿）、痴迷于搞卫生、在办公室里来回踱步，或者就是两眼直勾勾地盯着墙。做完这些事之后，你会感到无能为力，充满罪恶感和挫败感。到最后，你又一次什么也没做。听起来是不是很熟悉？

现在，请仔细分辨。拖延症不是纯粹的懒惰。懒惰的人什么事都不做，并且感觉良好；拖延症患者有着实际做事的欲望，只是无法唤起足够的意志力。他们真的想做自己该做的事，却不知道该怎么做。

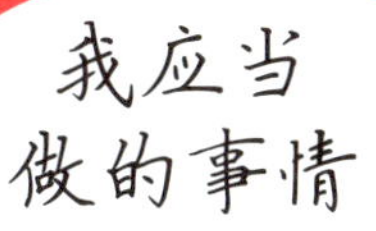
我应当
做的事情
我想做
的事情
我拖延的时候
做的事情

另外，你也不要把拖延症和放松混为一谈。放松使你充满能量，与之形成鲜明对比的是，拖延症会耗尽你的精力。你的精力越少，就越有可能推迟去做你该做的事，而且你将一事无成。

人们总喜欢把事情留到最后一分钟。他们声称自己在压力下能够更好地工作，以此为自己的拖沓行为辩解，然而，事实恰恰相反。[1]把事情拖到最后一刻，就会带来心理压力、负疚感和效率低下。“今日事，今日毕”，那句老话确实一语中的。

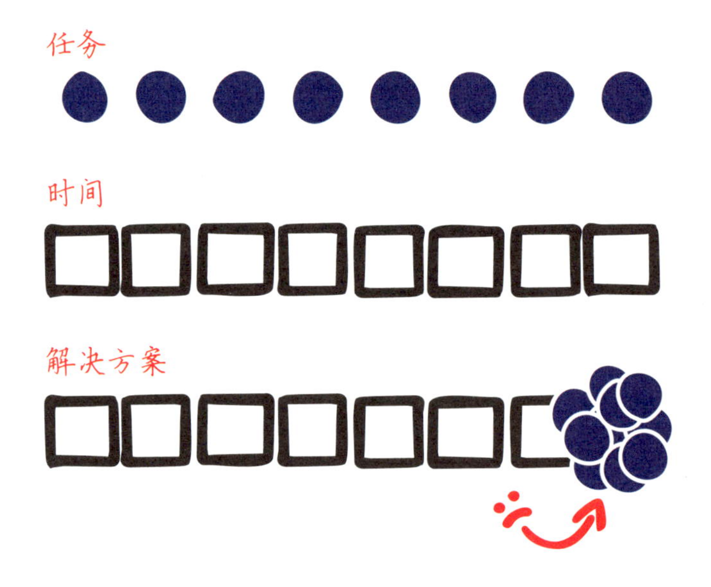

拖延症的历史

自古以来，人们就饱受拖延症之苦。正如古希腊诗人赫西俄德（Hesiod）在他的诗作《工作与时日》[2]（*Works and Days*）中对这个问题的评论那样：

> 不要拖延到明天
>
> 或者后天，
>
> 拖延者填不满谷仓
>
> 而且会把时间浪费在漫无目的的事情上。
>
> 工作因谨慎而兴旺，
>
> 拖延者则在与毁灭搏斗。

你可以这样描述今天的拖延者：他们是一些拖拖拉拉，把时间浪费在漫无目的的事情上的人。

古罗马哲学家塞涅卡（Seneca）也警告说："当我们在犹豫和拖延中浪费时间时，生命正悄悄流逝。"这句话揭示了克服拖延症是如此重要的主要原因。

拖延症是阻碍你充分享受生活的主要障碍之一。最近的研究表明，和做过的事情相比，人们对没有做的事情更加后悔。[3]由于错过机会而产生的懊悔和愧疚，往往更长时间地萦绕在人们心头。

当你拖延的时候，你浪费了本可以用来做些有意义的事情的时间。如果能战胜这个凶猛的敌人，你就能做好更多的事情，并且更好地利用生活中的潜在机遇。

当今是决策瘫痪的时代

当今拖延症的状况是怎样的呢？现在，人们只要一有机会，就会拖延。因此，学会如何克服拖延症，是你在当今这个时代能学到的最重要的技能之一。

在过去 100 年里，人类的平均寿命是过去的两倍多。[4] 婴儿死亡率是一个世纪前的 1/10。[5] 我们如今生活的世界，暴力与军事冲突比历史上任何时代都少。[6] 多亏了互联网，我们只需点击几下鼠标，就可以获得几乎所有的人类知识。旅行近乎没有限制，你几乎可以到世界上的任何地方旅行。如果你学习了另一门语言，便能够了解外国的情况，也可以在国外表达自己的想法。你随身携带的手机，比 20 年前最好的超级计算机的功能都强大。[7]

当今世界给人们带来的机会，多到令人吃惊。想象一下这些机会有多少，我们可以将其比作一把打开的剪刀刀片之间的间距。你拥有的机会越多，这把想象中的剪刀（我们称之为潜力的剪刀）就会打开得越宽。今天，这把剪刀比历史上任何时候都打开得更宽。

现代社会崇尚个人自由，认为人们越自由就越幸福。根据这种理论，每次这把潜力的剪刀打开得越宽，人们就会越发快乐。但是，为什么现在的人们没有比过去更快乐呢？[8] 为什么潜力的剪刀在不断打开的同时，问题也随之变大呢？

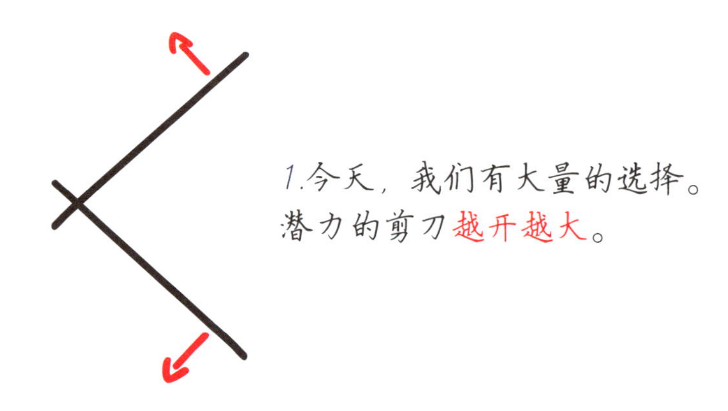

更多的机会带来了更多的选择，同时也带来了一个令人意想不到的问题，那便是：选择越多，人们越难做出决策。[9] 决策瘫痪开始蔓延。考虑到每个选择都耗费了你太多的精力，所以在太多选择的情况下，你可能根本无力做出任何决定。[10] 当这种情形出现时，你就会迟迟无法下定决心，最终迟迟不能付诸行动。你在拖延。

要比较的选项越是复杂，我们推迟决策的可能性就越大。[11] 此外，如果有很多选项，很可能你即使选择了其中一个，也会后悔自己的决定。[12] 你也许会想象，如果选择了别的选项，会发生什么。无论选择了什么，你总能看到已选选项的缺陷。

2.太多的选项引起决策瘫痪，这是拖延和挫折的根源，阻碍你发挥潜力。

你知道当有事情要做而你却不去做时的那种感觉吗？你还记得上次拖延着不去做某件事或者某个决定是什么时候吗？你是否曾经无法从面前的诸多选项中做出选择？在这些情况下，你有什么样的感觉？

决策瘫痪加剧就会引发拖延症。[13]它会严重降低你的工作效率。未能充分发挥潜力的感觉可能带来内疚和沮丧情绪。

本书的核心是一套简单的工具，可以帮助你在日常生活中充分发挥潜力。应用这套工具，每天只花几分钟时间，最终，你会度过几个小时卓有成效的时光。

有了这套工具，你可以克服人类大脑进化中的缺陷。这套工具将帮助你控制令人效率低下的固有倾向和习得倾向。与拖延症做斗争的一个副产物是大脑的奖励中心会更加频繁地被激活，[14] 这意味着你将感受到更多的积极情绪。

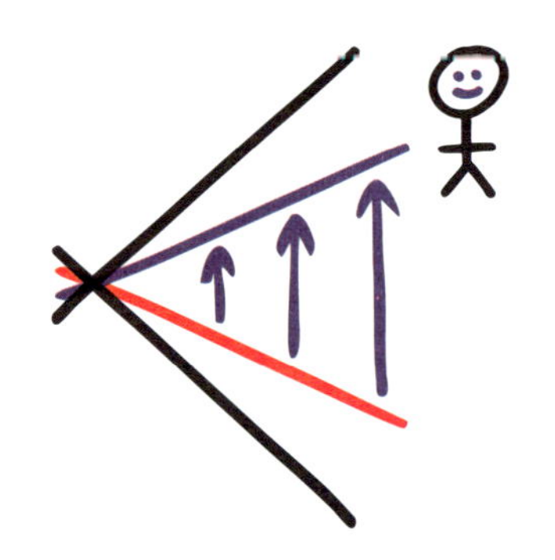

3.这套简单的工具可以提升你的效率，发挥你的潜力，给你带来幸福。

你最后一次真正充实地度过一天，是什么感觉？那是什么时候的事？在本书中，你会明白，为什么在日常生活中发挥潜力是获得长久幸福最有效的途径。

获取信息最有效的方式是什么

本书不仅揭示了拖延的原因，还将为你提供战斗的武器，帮助你打败这一强大的敌人。我们应当基于什么来理解个人发展呢？

今天，关于拖延症的科学研究比 10 年前多了 10 倍。[15] 在当今世界，有价值的事实常常被质量低劣的信息淹没。在如今的信息时代，熟悉你周围的环境变得越来越重要。威尔·罗杰斯（Will Rogers）曾经说过：“问题不在于我们知道的太少，而在于我们知道的很多都不是真的。”

眼下，与个人发展相关的指南、文章和图书，多得不计其数。不久前，我在一家小书店里找到了 300 本这样的书，网上还有成千上万种。可用的海量信息，存在着许多固有的风险。

第一个问题是，**可用的信息非常混乱**，而且往往质量很差。不同的书建议你采取不同的方法。有些作者建议你每完成一项任务就奖励自己，还有些作者建议你无论如何都不要奖励自己。有些根据未经证实的说法或者仅仅依据个人经验提出的指导原则，很难适用于所有人。许多书中都存在一些错误观念和半真半假的东西，它们在不同的作者之间传来传去。

你以前也许听过这样的说法：高校研究人员对人们的目标与成就之间的关系进行了一项研究。研究人员询问被试，能否写下生活中有哪些具体目标，而且，将来他们是否愿意分享自己的收入信息。结果，只有 3% 的被试写下了自己的目标。几年后，研究人员追踪调查了这次研究的被试，发现那 3% 能够写下自己目标的人，其收入比剩下 97% 的被试的总和还要多。这个小故事唯一的问题是，从来没有人做过这样的研究。[16] 它是某个人想象的产物，是一则都市传说。个人发展相关的图书充满了这样臆想的神话。

可用信息的绝对数量引发了第二个问题：它**加重了决策瘫痪**。你拥有的信息来源越多，就越难从中选择一个并信任它。应当根据哪些信息来做出重要的人生决定？如何分辨出可靠的信息？

近年来，世界各地的顶尖高校开展了许多关于动机、决策和效率的研究。然而，这些研究结果往往在当今的信息旋涡中失去了方向。这就引出了第三个问题：**在科学研究和大众行为之间，有一条鸿沟。**

可用的信息

1.非常混乱，而且往往质量很差。

2.加重了决策瘫痪。

3.在科学研究和大众行为之间，有一条鸿沟。

本书的目的是帮助弥合这一信息鸿沟。为了帮你节省时间，我们挑选出了最新的研究成果，并将多个重要的发现“连点成线”。利用所有这些信息，我们创建了一组图示模型。这些简单的图表，有助于你快速理解世间万事万物如何运转。

哲学家亚瑟·叔本华（Arthur Schopenhauer）曾经说过：“世界上最难的事莫过于表达重要的思想，并使每个人都能理解。”因此，为了加深理解，我们使用了这些图示模型。

大脑中处理图像和视觉信息的部分叫作视觉皮质。由于视觉皮质是人类大脑最发达的部分之一，[17]所以，仅从一个图表中了解的信息，甚至比从好几页文字中了解的信息都多。图表还可以更好地描述复杂的关联。当忘记与某个概念相关的知识，并且需要快速唤起记忆的时候，你就可以参考图示模型。

正因为如此，图示模型比平铺直叙的文本更能有效地传递信息。我们称这种方法为使用信息的“专门技能设计”；对我们来说，这是一种将核心知识传授给你的简单方法。

有时候，我们特意重新定义一些术语，以便读者确定本书使用的词是什么意思。“拖延”（procrastination）这个词，相对于“懒惰”（laziness）或“推迟做事情”（putting things off）这两种表达，能够更准确地描述你的状况。给问题取个正确的名字，你会更容易找到解决方案。

专门技能设计

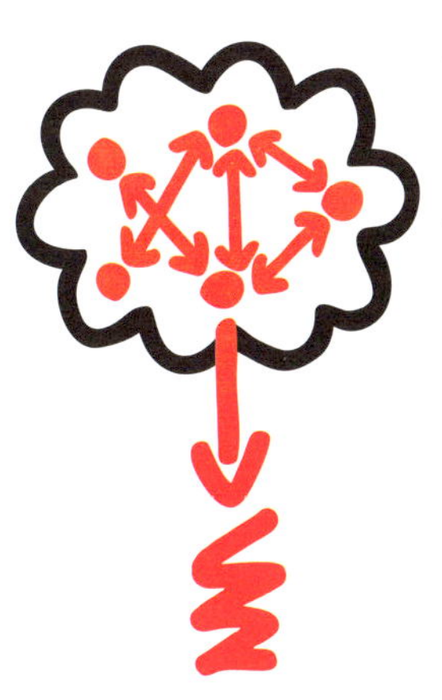

1.在当今信息过载的时代，我们挑选出了最新的研究成果。

2.我们将多个重要的发现“连点成线”。

3.我们创建了一组图示模型，有助于你快速理解世间万事万物如何运转。

本书还会引用前人的重要思想，作为点睛之笔。

让我们启程吧。动机、效率和幸福感是如何真正发挥作用的？怎样克服拖延症？你如何在自己的人生中做出长期的、可测量的改变？

个人发展体系

本书分为四章。

第 1 章解释动机是怎么回事，并且包含一个有助于你创造个人愿景的工具包。这是一个帮助你找到并维持长期内在动机的工具包。

第 2 章聚焦纪律，或通过从事某些关键活动和坚持日常习惯来有效实现愿景的技能。它包含了与拖延症做斗争的明确方法，用于完成任务和管理时间的工具，以及用来养成良好习惯和摆脱不良习惯的工具。

第 3 章着重探讨行动的结果，并告诉你保持快乐的方法。实用的工具将帮助你更好地稳定情绪，你将了解如何提高抵御负面外部影响的能力。

第 4 章的主题是客观理智，也就是看穿你对自身及周围世界的错误认知的能力。只有发现了自己的缺点，你才能开始改正。

个人发展

1. 动机
2. 纪律
3. 结果
4. 客观理智

◎ 动机

不幸的是，出生之后，人终将在某个时刻离开这个世界。我们在地球上生存的这段时间是有限的。因此，千金难买寸光阴。金钱和时间不一样。对于金钱，你可以借着花，存下来，或者赚更多；对于时间，你却不能这样。你浪费的每一秒钟，都永远消逝了。

已故发明家、企业家、美国苹果公司联合创始人史蒂夫·乔布斯（Steve Jobs）曾在斯坦福大学面向学生发表的一场毕业演讲中生动地表达了生命的终结。他说："记住自己将很快离开人世，是我遇到过的最重要的工具，它帮助我做出人生中的重大抉择。几乎每一件事，所有的外部期望、骄傲、对困窘与失败的恐惧，等等，在面对死亡时，都会烟消云散，只给我们留下真正重要的东西。记住自己终将死去，是我所知的让自己避开各种思维陷阱的最好方法。一旦陷入这些思维陷阱，你就会一心想着自己将失去些什么。"

只要意识到生命是有限的，人们就会更慎重地管理时间。这种意识会让你思考该以怎样的方式走好人生之路，它将助推你追寻个人愿景。

个人愿景
未来
1.动机

现在

你的个人愿景一经确立，将变成你心中最有效的动机，它会像一块强力磁铁那样吸引你在人生道路上健步如飞。个人愿景将帮助今天的你做好真正有意义的事情，同时指引你朝着美好的明天阔步前进。

◎ 纪律

日常的纪律有两个方面：生产力与效率。一天只有 24 小时，不多也不少。24 小时减去你的睡眠时间，剩下的就是你潜在的生产时间。

生产力代表你醒着的时候花多少时间来做有意义的事情（有助于你实现个人愿景的活动）。养成良好的习惯，有规律地休息，加强时间管理，都是大幅提升生产力的方法。

效率决定着你是否将时间花在重要的活动上，也就是说，如果某些活动能让你在生活中尽可能快速地前进，就是有效率的活动。能够确定事情的轻重缓急，分解任务，分配职责，是提高个人效率的关键。

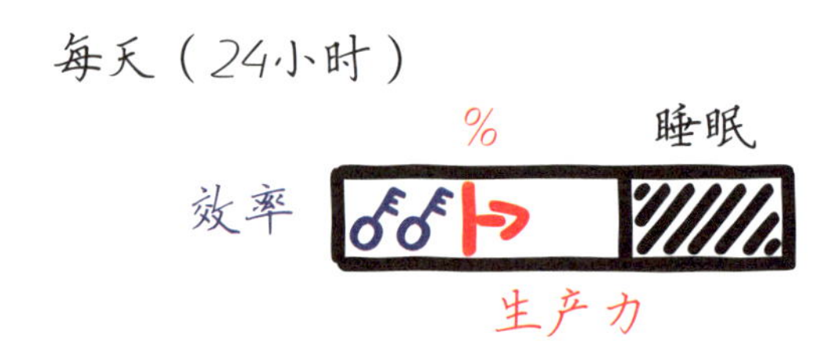

未来
2.纪律＝生产力+效率
现在

将你的愿景想象成一条道路。生产力代表你每天在这条道路上花多长时间向前迈进，效率意味着你是否迈出了最大的步子。纪律就是你采取特定行动来实现个人愿景的整体能力。

◎ 结果

日本有句古老谚语："没有行动的愿景是一场白日梦，没有愿景的行动则是一场噩梦。"这种说法提到了人生中的两大问题：一些人知道自己想做什么，却没有行动；另一些人确实在做事情，但没有意识到自己行动的目标。最好的选择是既采取行动，又胸怀愿景。当你成功地将两者结合起来时，便能获得情感和物质的结果。

情感的结果与你大脑中的多巴胺[18]有关，当大脑释放这种物质时，你会感到兴高采烈。

物质的结果是你行动后的具体结果，即你的劳动果实。

未来
3.结果
情感的
物质的
现在

◎ 客观理智

客观理智也是个人发展体系的重要部分。在挪威于特岛上枪杀了69[㊀]人的嫌犯安德斯·布雷维克（Anders Breivik）很可能有着充分的动机且十分自律，他的行为甚至带来了情感和物质上的结果。然而，这个极端的例子表明，当一个人无法控制自己的客观理智时，事情可能恶化到何种程度。

客观理智是一个重要的工具，当你的直觉失效时，它仍然能引领你前进。通过减少偏见，你将能清楚地看到事情在现实中的发展规律。为了增强客观理智上的能力，你需要别人对你的行为、想法和行动提出反馈意见。由于我们的大脑往往倾向于相信现实中不真实的东西，所以，你必须不断反思缺乏客观理智的表现。

正如20世纪最重要的数学家和哲学家之一、诺贝尔奖得主伯特兰·罗素（Bertrand Russell）说过的那样："这个世界所有的问题在于，傻瓜和狂热者总是对自己那么肯定，而智者总是充满疑惑。"

㊀ 中文资料显示这一数字为77，此处为英文原书数据。——译者注

未来
4.客观理智
现在

本章回顾：引言

拖延症不是纯粹的懒惰，它是指你无法说服自己去做应该做的或者想要做的事情。

回顾历史，我们发现，人们自古以来就倾向于推卸责任。

当今世界，越来越多的人被拖延症缠身，你得学会与之斗争。

今天你能获得的机会之多，是过去从未有过的。潜力的剪刀越开越大。

拥有更多的选择并不一定意味着体验到更强烈的幸福感。事实往往恰好相反，因为众多的选择是**决策瘫痪**的原因。

当陷入决策瘫痪时，你会犹豫不决，甚至把事情拖得更久。你最终浪费时间并因此不悦。

一些简单的工具有助于你克服决策瘫痪，终结拖延。

当你发挥自身潜能时，大脑的奖励中心会更频繁地被激活，释放**多巴胺**，让你体验到更多积极情绪。

长期的幸福可以通过有意义且充实地度过每一天来实现。

一旦你从**动机**、**纪律**、**结果**和**客观理智**这四个方面反思并改变自己，拖延症是可以被克服的。

在我们更详细地研究动机之前，试着给自己打分（1 分代表最差，10 分代表最好）。你的整体动机如何？纪律呢？生产力和效率呢？你怎样评价自己的结果，也就是幸福感和工作中的回报？你又怎样评价自己的客观理智？

在每一章的结尾，你都要进行类似的自我评估。将来，你就可以把这些评估结果拿出来，观察自己取得的进步。

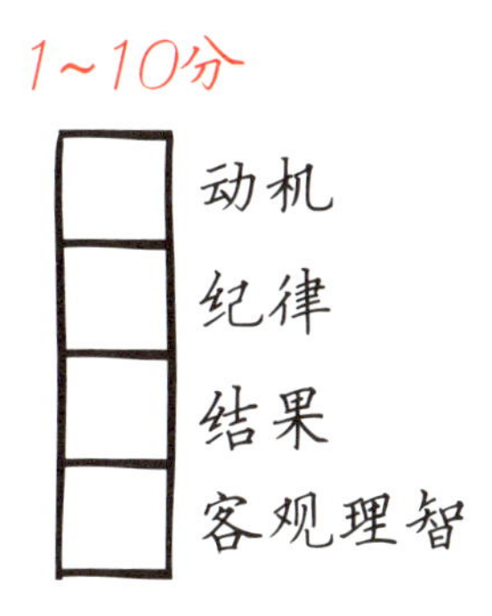

第1章

动　机

如何获得动力并持续推进

在丹麦的时候，我在诺和诺德公司的办公室待了一段时间。这家公司拥有3万多名员工，是全世界胰岛素生产行业的领军者，在全球市场上占有过半的市场份额。[19]

抵达诺和诺德公司后，我立马注意到，身边的人似乎个个都充满了动力，十分快乐，从在大厅里遇到的接待员和清洁女工，到从事药物研发工作的科研人员，无一例外。鉴于诺和诺德是一家制药公司，我突然想到，他们一定在员工的饮料中加入了某种“特别的”东西。后来，我有幸与该公司的高管见面，于是问他们：是什么让员工如此快乐并充满动力？我得到的解释出奇的简单。那么，动机的秘密是什么呢？

在现实世界中，人们**有多种动机**，有些弊大于利。你需要找到对自己最有益的那种。正确的动机能让你减少拖延，成为驱动你每天向前的动力，能够引导你走上通往长期幸福的道路。

外在动机：胡萝卜加大棒

不久前，我约见了一位新客户。和他谈了一会儿之后，他开始描述过去几年自己的感受。他向我透露，他觉得生活没有意义，甚至屡次想过自杀。我问他花了多少时间去做他真正想做的事情，又花了多少时间去做他必须做的事情，也就是他应该做的那些事情。在和他的讨论中，我逐渐发现，驱使他的几乎完全是外在动机。

当必须做一些对你来说毫无意义的事情时，你会有什么样的感觉？对于你根本不想做但不得不做的事情，你会怎样看待自己为此耗费的时间？

研究表明，做些没有意义的事情，通常令人感到极度不愉快和泄气。[20] 比如在学校里背一首诗，或者在工作中做一些你认为没有意义的事情，等等，都可能让人感到无聊。人们在做这些事情的时候拖延，也就不足为奇了。

人类创造出了多种方式方法（例如**奖励和惩罚**，也就是所谓的胡萝卜加大棒），以利用外在动机促使个体违背自己的意愿做事。这些外部刺激会强化外在动机，让你做一些自己永远不会考虑去做的事情。

然而，外在动机有两个主要的缺点。第一，当人们做自己不想做的事情时，大脑释放的多巴胺减少，进而降低幸福感。多巴胺除了影响幸福感，还影响创造力、记忆力和学习能力。[21] 第二，外在动机带来的不满情绪具有社会传染性，不满的人会将这种情绪传染给身边的人。[22]

外在动机促使封建时期的农奴在田间劳作，古罗马时期的囚犯在河里划船，工业革命时期的工人在第一批工厂里工作。这些工作几乎不需要创造力。相比之下，今天的人们从事的绝大多数工作，都要使用创造性的方法。我们需要仔细思考问题，并且不得不时常在危急的情况下灵活应变，寻找非常规的解决方案。

大量研究表明，在必须运用脑力和创造力的活动中，过度利用外在动机会降低绩效。[23]动机究竟是来自胡萝卜还是来自大棒，都无关紧要。[24]你期待某种奖励之后却没能得到，会对你的心灵产生类似于受到了惩罚那样的影响。

悬在头上的那根假想的大棒，常常使我们轻视自己必须做的事情。[25]这大棒可能以抵押贷款的形式出现，阻止我们辞掉自己讨厌的工作；也可能是父母将自己选择的爱好或大学专业强加给孩子；还可能是老板在给下属分配任务时不解释原因的行为。对这类外部刺激，我们自然会心生反感，常常导致拖延症加重。

外在动机会使你不开心，使大脑释放的多巴胺减少，创造力降低，并且对认知能力产生负面影响。其产生的负面情绪具有社会传染性。

习惯了外在动机驱使的人们无法独立工作。当大棒消失时，他们就不能激励自己。学校成绩是外在动机的一个很好的例子。例如，学生习惯了通过学习来得到分数，但只要他们一毕业，这种压力就消失了，他们往往停止了学习。外在动机抑制人们未来的主动性，一旦这根大棒没有了，他们几乎什么都做不了。

我的这位客户差不多终其一生都受到外在动机的支配。他不幸福，不能学习新事物，而且创造力被扼杀，所有这些，导致他放弃了生活。

本章的第一个好消息是，有一种方法能够让你摆脱大棒的打击，也就是说，你可以摆脱外在动机的陷阱。但是要注意，许多励志图书和个人发展教练可能将你带入另一个陷阱。他们经常推广一种以基于目标的内在动机为形式的治疗法。

基于目标的内在动机：不会持久的幸福感

“彼得，想想什么能让你幸福。仔细地在脑海中描绘它们。你看见一辆小汽车吗？想象一下它到底是什么颜色、什么牌子，搭载了什么样的发动机。你走到陈列室，去开车……拿几张纸，仔细写下你所有的愿望，最好是找一些与之相匹配的图片，并为每项任务设定一个完成期限。现在把它挂在一个你能看到的地方，这是你的目标，将激励你。”我的第一位个人发展教练就是这么工作的，他用梦想和目标激励人们。

在职业生涯中，我遇到过几个几乎被这种动机摧毁的人。正如研究表明的那样，基于目标的动机可以提高生产力，但不会带来长期的幸福感。[26] 相反，它将导致意想不到的挫败感和一种奇怪的成瘾，就像对可卡因成瘾一样。[27] 为什么基于目标的动机如此危险？其背后究竟是什么？

设定目标与前额皮质有关。[28] 前额皮质是大脑中使得我们在夜间做梦的部分，它使我们能够在脑海中想象出并不存在的东西。人类与其他动物不同，人类的前额皮质让人们可以思考自己的未来。[29]

前额皮质不但能够让你生动地想象自己的目标，还能让你想象实现目标后的幸福感。

记住，目标确实是强大的动力。与外在动机不同，人们之所以在目标的激励下做事，是因为他们真的想做事，这使得他们怀着强烈的感情投入工作。

由于他们目前还没有达到期望和实现愿望，所以不会感到特别幸福。由于他们仍然没有买到那辆车，或者没有获得某样在生活中驱动他们的东西，所以有一种缺失感，他们对现在的生活不满意。正因为如此，在实现目标的过程中，他们往往没有体验到多巴胺水平升高带来的益处，例如更好的大脑功能、更强的创造力和有效学习新事物的能力。

2.在通往目标的路上，你并不幸福，因为你还没有实现目标。

目标驱使人们前进，使他们努力工作，他们迟早会实现这些目标。当目标终得实现时，他们的大脑会一次性地释放多巴胺，产生强烈的情绪——快乐，这也是一种幸福。[30]问题是，接下来，一种被称为享乐适应的现象出现了。[31]

试着想象在学校通过了一场艰难的考试或者在工作中完成了某个艰难的项目是什么感觉，试着回忆上次买到自己真正想要的东西时又是什么感觉。之后，你立马产生了什么感觉？两天后你的情绪是否也同样强烈？一周后呢？

享乐适应使人们始料不及地习惯于他们已实现的目标。在达到目标后的几分钟、几小时，或者最多几天后，良好的感觉就会慢慢消失。如果你曾买过一辆新车，你也许会惊讶地发现，一个星期后，你会认为自己买新车几乎是理所当然的。过了几天，你的情绪就会比你刚买的时候弱得多。

即使你登上了人生的巅峰，例如，假设你获得了诺贝尔奖或者奥运会金牌，几星期之后，这些卓越的成就也几乎不会对你的幸福感产生任何影响了。[32]很快，媒体就不会继续在报纸、电视上报道你，人们也会慢慢地遗忘你。你会再度遭遇享乐适应。

3.一旦实现了某个目标，你就会产生短暂且积极的快乐情绪。不过，由于享乐适应，你会很快适应自己的新成就，积极的情绪很快消失。

一项研究调查了人们买彩票中奖后有多么幸福，[33] 与此同时，研究人员也调查了近期遭遇瘫痪的人们的感受。结果表明，仅仅一年之后，这两种人的幸福感就相差无几了，因为人们总会适应始料不及的事情。

有些人十分嫉妒别人，然而，从享乐适应的角度来看，嫉妒并不是十分合理的。即使他们嫉妒别人并且设法得到了自己想要的东西，享乐适应也不会让他们感到更加幸福。他们很快就会习惯拥有他们曾经渴望的东西。

关于金钱如何影响幸福感的大规模研究，得出了一个明确的结论：金钱影响幸福感的程度，仅在于它能帮助你满足自己和家人的基本需求；[34] 除此之外，更多的金钱，对你的幸福感几乎没有影响。

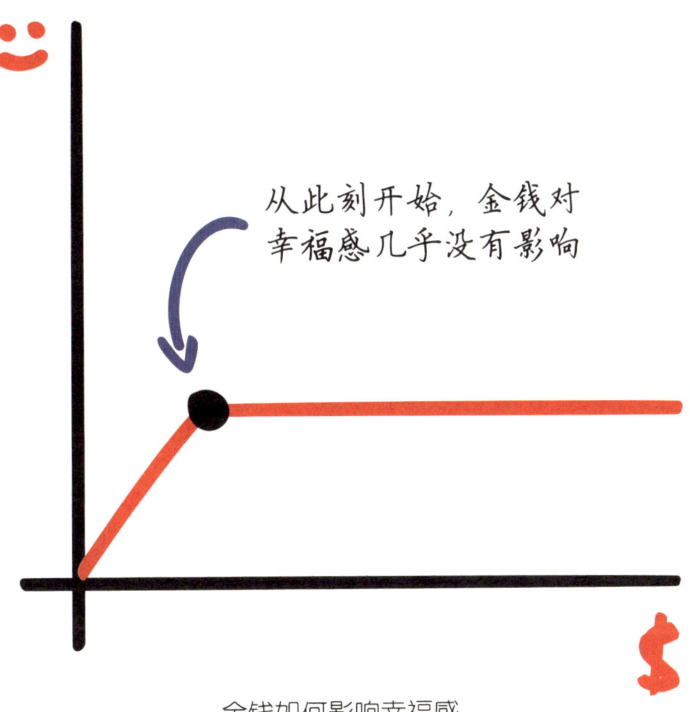

金钱如何影响幸福感

尽管前额皮质非常善于将目标可视化，而且，你只要实现了目标就会感到幸福，但是前额皮质无法预见这些积极情绪的短暂寿命，也就是说，前额皮质无法预见享乐适应。

如果你期待着买辆新车，你的大脑可以想象出新车给你带来的快乐感觉，但无法“看到”未来更深层的东西，意识不到这种幸福感只是暂时的。这就是我们在判断未来会有多么幸福时经常出错的主要原因之一。

受到目标激励的人们如何应对享乐适应呢？这很简单。一旦他们实现了预期的目标，积极情绪也就逐渐消失了，他们会设定另一个**更大的目标**，“我想，奥迪并没有让我感到幸福，但保时捷会”。如此一来，他们便会去追求这个更大目标。这一次也不例外，他们在追求这个新的、更大的目标的过程中并不快乐，因为他们还没有实现它。他们不停地工作，也许会再次得到他们想要的，并因此感到快乐，但是，由于享受适应的效应，这种快乐很快就会消失。那他们的反应呢？再设定另一个更大的目标。这个循环一遍又一遍地重复。

实现目标时产生的快乐情绪会影响大脑中能被可卡因激活的那个部分。[35]因此，快乐可能导致所谓的觉醒成瘾。[36]对色情、电子游戏和极限运动的成瘾，也属于这类成瘾。

极限运动成瘾者必须做一些更加极端的事情（例如从越来越高的悬崖上跳下），才能体验到同样的刺激；色情成瘾者必须观看越来越变态的视频，才能达到同等的兴奋程度。同样，那些受到目标激励的人们，也必须不断将眼光放得越来越高。他们变成了我们所说的“目标狂”。他们可能拥有豪宅、豪车以及理想中的职位，但与此同时，他们只能感受到短暂的幸福。他们经常抑郁；他们什么都有了，只是缺乏长期的幸福感。

我在本章分享的第一个好消息是，你可以摆脱外在动机的束缚。我要分享的第二个好消息是，除了基于目标的内在动机之外，还有另一种选择。它被称为基于过程的内在动机，它的好处与基于目标的内在动机是一样的，但同时避免了享乐适应的效应，因此可以让你现在更幸福。

4.你设定了另一个更大的目标。这个循环会不断重复，你可能因此变成一个“目标狂”。

基于过程的内在动机：当下幸福

诺和诺德公司到底在给员工的饮料中添加了什么物质呢？他们的秘诀又是什么呢？在与公司高管的会谈时，我发现，让员工保持高度积极性和幸福感的关键是拥有十分强大的公司愿景和价值观。诺和诺德的目标是让糖尿病患者过上更好的生活。[37]

有人向我讲述了一些关于这家公司的故事，这些故事证明，该公司的愿景宣言并不只是一句空话。例如，公司高管告诉我，他们公司怎样在战争期间向交战双方免费提供胰岛素，或者怎样发明了“诺和笔芯”（NovoPen）这种无痛的胰岛素注射工具。在诺和诺德，几乎每位员工都会主动将自己与愿景宣言中表达的崇高事业（即“让糖尿病患者过上更好的生活”的理念）联系起来，无论职位高低。当人们理解了自身行动的意义时，尤其是当他们真正想要采取这些行动时，一种最强大的动机形式就出现了：基于过程的内在动机。

我讨论的第三种动机是基于个人愿景这一概念的动机。我们知道，追求目标的过程受到享乐适应的影响，而愿景则与之不同，它是对某种持久行为的表达。个人愿景回答了你最希望如何度过一生的问题。它侧重于行动而不是结果，侧重于过程而不是目标。正如一句老话所说，“过程就是目的地”。

基于过程的内在动机

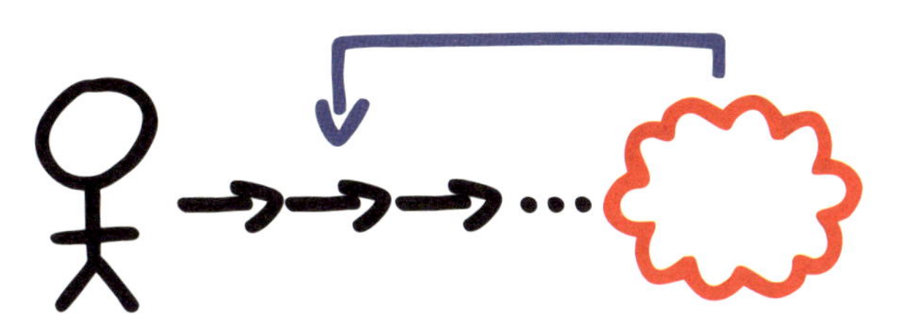

1.个人愿景不看重目标，而侧重于过程。
它描述了你想用一生来做的事。

在实现梦想的道路上，你可以设立里程碑。这将使你确信自己正朝着正确的方向奔去，也让你确信自己正在真正地向前迈进。目标和里程碑的区别在于，当人们受到目标的激励时，他们只是为了实现目标而工作。相反，里程碑是助手，是界标，告诉你是否朝着正确方向前进。

对我来说，完成这本书的写作并不是我的目标，而是一个里程碑。如果一切顺利的话，我就会知道，我做了一些实实在在的事情，一些符合我个人愿景的事情。我不是只为了写完这本书而写作的，还为了帮助人们更好地利用他们的时间，更充分地发挥他们的潜力而写作。

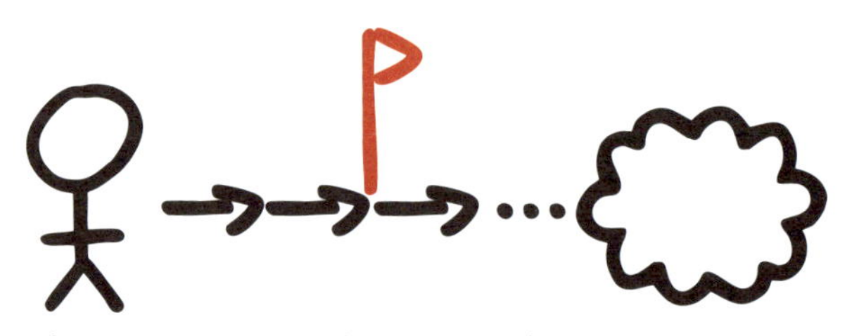

2.在实现目标的过程中，你可以设立里程碑。里程碑与目标的不同之处在于，前者会给你反馈，告诉你是否朝着正确的方向前进。

基于过程的内在动机的主要好处在于，它能帮你更频繁地因此刻而感到幸福。你不需要达到某个目标才能幸福，也不会体验到由于执着于外在动机而带来的负面情绪。

你将更频繁地处于一种“当下幸福”的状态，也就是说，体会一种对现状的满足感。如果你做的事情与你的愿景一致，你就会觉得一切理应如此。但这并不意味着你被困在某个地方，因为你的愿景及其产生的激励作用在驱使着你前进。

你的行为能帮助你实现个人愿景，意味着你正在做自己想做的事情。因此，你会感到更加幸福，大脑会分泌更多的多巴胺。正因为如此，你会更有创造力，大脑工作得更好，记忆力更强，你也能更好地学习。所以，采取能让你实现愿景的行动，需要的技能会不断提高。每一次改进都增大了进一步改善的机会。这种正反

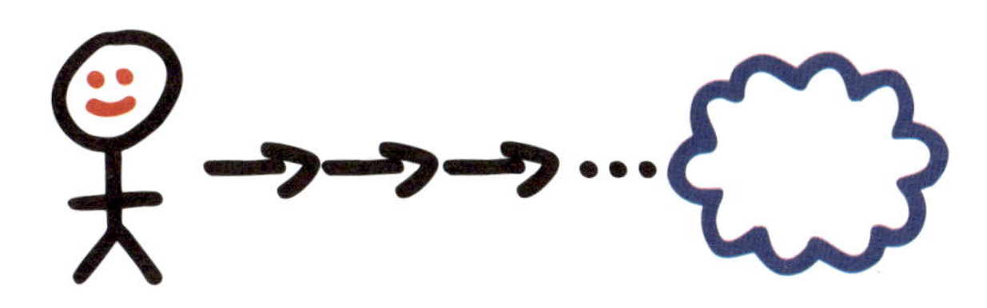

3.愿景是对某种持久的东西的表达，因此不会出现享乐适应。由于你不是在追求某个具体的目标，所以现在你会感到更加幸福。

馈循环可以帮助你实现真正的精通。正因为如此，那些受到自己的愿景激励的人们能够完成即使是最大的大棒或者最宏伟的目标也无法威胁或激励他们去完成的事情。

一些对最成功的运动员、科学家、艺术家和商人的研究表明，他们所有人都有一些共同之处。[38] 他们在从事的活动，使得他们处在心流状态。当面临挑战并且将自己的特长发挥出来时，你会发现自己也处在这种心流状态，全身心地投入你正在做的事情，[39] 时间仿佛为你停留。**快乐情绪**是在达到目标后才短暂体验到的，与之不同的是，处于心流状态可以让多巴胺持续释放。

与快乐情绪相比，在心流状态期间产生的多巴胺和幸福感有着持久的影响。

上文提到的关于心流状态和享乐适应的研究表明，长期的幸福感无法在物质、目标或状态中找到。它存在于你实现愿景的过程中，存在于做对你有意义的事情的时候。

4.心流状态出现在你感受到挑战的同时又能发挥自己的特长的情况下。大脑会持续释放多巴胺，使你更具创造力、更有能力学习、更加幸福。向你的愿景迈进的每一步，都会让你更加接近精通。

这种方法与传统的思维方式正好相反，传统的思维方式是“先有结果，然后才有幸福感”。事实却恰恰相反。你首先必须找到**幸福感**，并且得益于这种幸福感，才能得到**结果**。正如 1952 年诺贝尔和平奖得主阿尔伯特·施韦泽（Albert Schweitzer）说过的那样：“成功不是幸福的关键，幸福才是成功的关键。如果你热爱自己所做的事情，你就会成功。”

◎ 为什么意义如此重要

一天傍晚，我把车停在市中心，下了车。恰好在那一刻，在距离我只有几英尺[㊀]远的地方，一辆面包车撞上了另一辆停着的车。尽管面包车司机一定知道自己撞了车，但他还是逃逸了。有那么一会儿，我目瞪口呆地站在原地。

我镇定下来以后，坐回自己的车，开车去追那辆面包车。我在三个街区外追上了它。我超过它，停了下来，挡住它的去路。我从车里出来，用手机拍下了肇事车的牌照和被撞坏的地方，接着又开车回到被撞的汽车旁，写了一张便条，解释发生了什么事，留下了我的联系方式，并且把便条贴在雨刮器的后面。

几天后，那辆被撞的汽车的车主亲自来看我。他当时看到了我留的便条。这位身着西装的绅士告诉我，保险公司已经把一切都安排好了，他的车也修好了。此时我才知道，他是附近一家医院的主治医生，从早到晚都在帮助别人。我这一小

㊀ 1 英尺≈30.48 厘米。

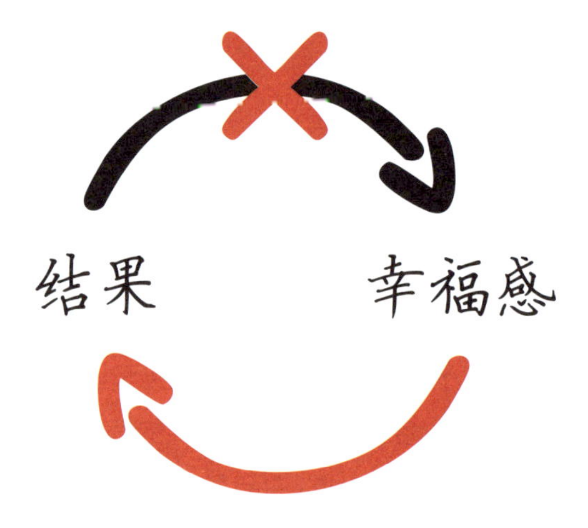
结果
幸福感

小的善举，和他治病救人相比，当然不那么重要，尽管如此，他还是没有将我的举动视为理所当然，而是顺道过来感谢我。在那一刻，我体会到一种最强烈的情感：一种与目标感相关的情感，或者是我们所说的意义感。

5.当你做无私的事时，会产生一种强烈的感觉：意义感。

我们在生活中做的事情可以分为两类。第一类是你仅仅为自己做的事。举例来讲，这些事情包括与你的生存和发展相伴相随的活动，也就是你确保自己的基本需求得到满足而从事的活动，我们称之为“自我 1.0 活动”。第二类是无私的行为，也就是说，你不是为自己，而是真心实意地为他人而做的事情，我们称之为“自我 2.0 活动”。无私的行为能够产生一种强烈的感觉（即意义感），从而为你带来第三种幸福感，这与那些由快乐情绪和心流状态所创造的幸福感相伴相随。

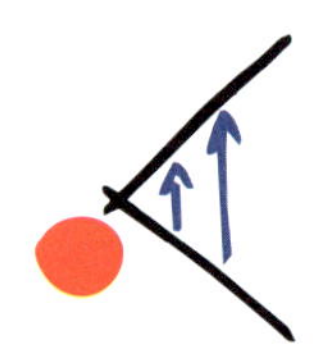

1.个体努力发挥自己的潜力。

为什么在你的个人愿景中包含无私行为和“自我 2.0 活动”等元素是件好事呢？为什么人们在做那些有着“更高”目标的事情时会体验到更强烈的积极情感呢？为什么我们大脑中的一些部位会成长和发育，以支持这种行为呢？

为了说明这一点，请想象某个单独的单位，比如单个的原子、分子或细胞，甚至是一只蚂蚁、一头大象或者一个人，这个单独的个体有它自己的潜力，试图产生成就感，例如，原子试图与其他原子结合，白细胞试图杀死有害细菌，某个人试图实现他的个人愿景。

如果多个个体彼此靠近，迟早会出现自组织现象。众多的个体开始自发地联合起来，形成群体，以帮助自身更有效地发挥潜力。自组织有助于为合作创造空间，也就是所谓的团队协作。在这种协作效应之下，整体变得大于部分之和（即“1+1>2”）。

但这还不是全部。自组织不仅发生在个人层面，也发生在群体层面。群体迟

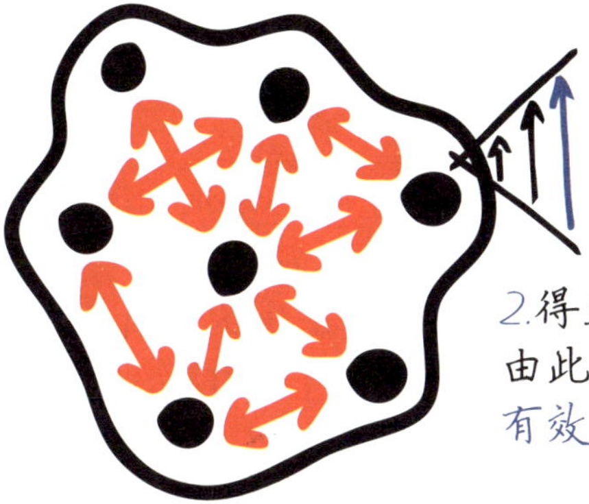

2.得益于自组织，个体创建了群体。由此产生的团队协作帮助他们更有效地发挥自己的潜力。

早会联合起来创造更大的团体，以帮助各群体更好地发挥作用，然后就这样循环往复下去。自组织首先发生在微观层面上，到最后发生在宏观层面上。原子结合形成分子，分子结合形成细胞，细胞结合形成生物体，生物体结合形成群落，以此类推。

自组织促成了地球上生命进化的许多转折点出现。以球团藻为例，它是一种单细胞生物，在其进化史上的某个时刻，球团藻的生活方式发生了重大转变：生物体不再单独生活，而是开始形成大型群体。[40] 这些球形群体由数百个单独的生物体组成，它们可以更有效地移动，并且作为一个团队更好地运转。它们成为单细胞生物向多细胞生物进化的标志。

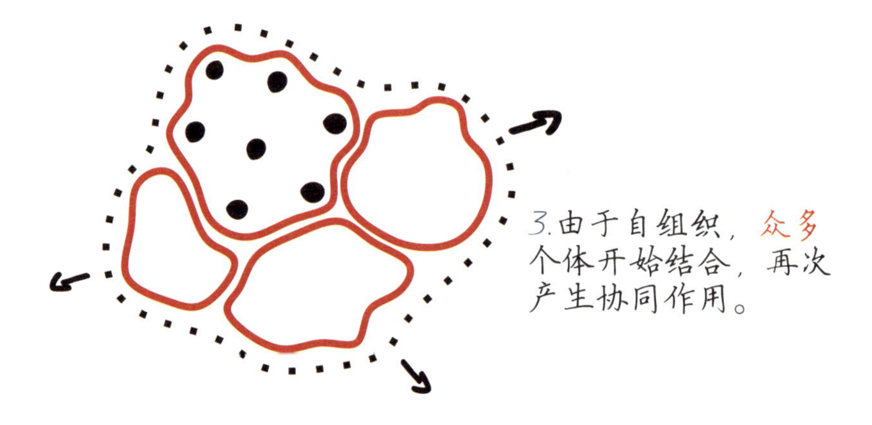

自组织也发生在独居的黄蜂身上，它们在 1 亿多年前开始合作筑巢，最终催生了今天的蜜蜂、蚂蚁和其他的群居昆虫物种，散布在世界各个角落。[41] 此外，我们身体中的每个细胞都是自组织的证据，含有被称为线粒体的细胞器。线粒体的 DNA 与细胞核完全不同，其原因在于，在历史的早期，线粒体很可能是自由生活的生物体。[42]

当我们的祖先首次聚集在一堆篝火旁时，这也成为社会进化的一个重要分界点。发展起来的团体更善于分工劳动、交换商品、保护自己，而且团体中的人们能够有效地传播思想、技术和文化。[43] 是什么支持这种类型的发展呢？为什么我们人类进化成了团队合作者?

达尔文的进化论建立在适者生存的基础上。身体更健康的个体更有能力繁殖后代，并且将自己的特性传给后代。没有能力参与竞争的个体将会死亡，其基因信息也会丢失。但是，达尔文也描述了所谓的群体选择。正如个体之间为生存而竞争一样，由个体组成的群体之间也存在竞争。[44]

请想象两个史前猛犸象猎人部落，假设其中一个部落共同协作：部落给其成员分配任务，成员则互相保护，一旦成功捕猎就相互分享猎物。假设另一个部落是一群自私的个人主义者：人人都期望会有其他人在狩猎时挺身而出；他们相互之间不合作，不但如此，假如团队狩猎成功，他们最终会为谁有资格得到最大的那块肉而争吵不休。相比之下，哪个部落生存的机会最大?

1994 年的诺贝尔经济学奖颁发给了博弈论（game theory）的研究专家，他们对这一理论进行的科学研究，从数学角度证明了个人合作以及无私行为更好。[45]从长远来看，无私行为比纯粹自私的行为更为有利。群体中合作的个体越多，生存的机会就越大。

史前人类可能不熟悉博弈论，因此不可能据此行动。尽管如此，但他们还是开始合作，为什么呢?

群体选择

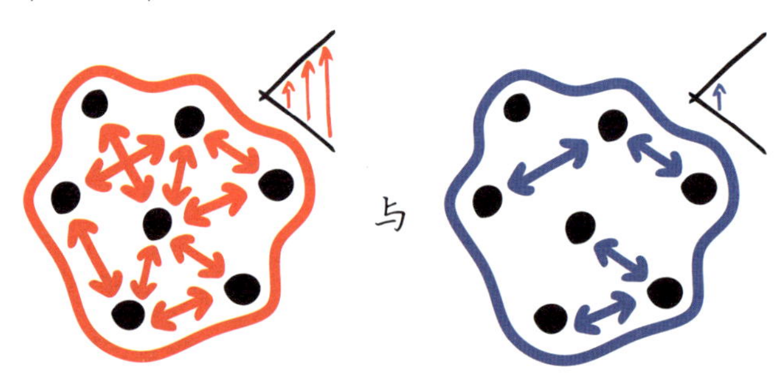

得益于群体选择，由更多合作个体组成的群体有着更大的生存机会。

情感是为了支持理智行为而逐渐发展起来的。例如，口渴感觉的进化，提醒着我们要喝水了，使得我们不会因为缺水而死去。同样地，**意义感**很有可能也是这样发展演变的，这正是我们由于合作与无私行为而获得的回报。对这种情感的体验，支持着自组织和**自我 2.0 活动的**发展。

从古到今，思想家一直在研究如何定义**善**与**恶**。从自组织的角度看，自我 2.0 驱动的行为可以被视为初级善（elementary good）。个人不仅能帮助自己，也能帮助其他人以及他们所在的群体。这种无私合作的能力，使得个人和整个群体不断发展。

初级善的对立面可能是初级恶（elementary evil），这是一种自私行为，通过这种行为，个人为了自己的利益而伤害其他个人及其所属群体的利益。以癌细胞的活动为例，癌细胞不受限制地生长，伤害其宿主的身体。

◎ 群体愿景的力量

“我们需要团结起来。如果想改变世界，我们就必须团结一致，通力合作。”瑞士哲学家阿兰·德波顿（Alain de Botton）提出的这一观点包含了群体动机（group motivation）的关键。

如果某个群体的成员都秉持相似的价值观，胸怀相似的**个人愿景**，就更容易创建能够推动事业向前发展的运动、组织或者其他社团。如果人们聚在一起创造了**群体愿景**，这会带来非常强大的群体动机。如果你的个人愿景与你所在群体的愿景相一致，你会体验到一种共同的意义感。正是这种情感，成了人类历史上最重要的推动力之一——它引发了改变整个世界的重大变革。

许多例证可以表明世界各地的人们如何体验到这种共同的意义感。几乎每一种世界性宗教都遵循这一原则，体育迷在为自己的球队加油时，也会历经这个过程，此外，这还在退伍军人的经历中有所体现。[46]

基于共同的价值观和愿景的群体动机，也是我访问过的大多数鼓舞人心的公司塑造员工敬业精神的关键。诺和诺德公司的共同愿景为员工提供了更深层的意义，就是这方面的一个例子。

西蒙·斯涅克（Simon Sinek）描述了群体愿景的力量，他说："如果你雇用员工只是因为他们能做一份工作，那么他们会为你的钱而工作。但是，如果你雇用和你心怀同样信念的员工，他们会为你付出鲜血、汗水，还有泪水。"

◎ 什么样的动机最有益呢

如果你想战胜拖延症，同时又想感到幸福，那就需要选择正确的动机。研究结果表明，这种动机，既不应该是基于大棒的外在动机，也不应该是基于目标的内在动机。最有效的动机类型是摆脱了大棒和目标并创造个人愿景的动机，这种个人愿景激发了基于过程的内在动机。

然而，如果某个愿景只是涉及自私的自我 1.0 行为，那就不会产生十分强大的动机。只有那些能带来初级善（无私的自我 2.0 行为）的活动才能释放意义感，这是一种你能体验到的最强烈情感。

这种动机不断推动你前进，也像一块磁铁一样牵引着你向前走去。与此同时，你会体验到心流状态和意义感，这将给你带来许多积极的感觉，让你处于一种持久的"当下幸福"的状态。

群体愿景

↕↕↕

个人愿景

如果你与价值观和个人愿景相似的人合作，就会产生十分强大的群体动机。

如果你的身边都是与你志同道合的人，你可以和他们合作，共同创建一个群体。如此一来，群体动机就这样诞生了，它放大了你个人愿景的影响。

怎样创造个人愿景？如果你不知道，别担心，下文将帮助你。

工具：个人愿景

“你的时间有限，所以不要浪费时间去过别人的生活。不要被教条所困，那样就是活在别人想法的结果里。”2005 年，史蒂夫・乔布斯与斯坦福大学毕业生分享了这些想法。

选择正确的动机类型，对你的个人发展和减少拖延至关重要。因此，我们将在本书中与你分享的第一个实用工具就是如何创造个人愿景，为基于过程的内在动机打下基础。这种动机将使你的愿景产生持久效果，不仅会带来结果，还能让你更加频繁地感受到更大的幸福。因为我们谈论的是你的人生和你对人生的责任，所以，你需要创造自己的个人愿景。永远不要忘记这个工具名称中的“个人”这个词。

有一次，一位客户让我为他创造个人愿景。他乐意为这项服务掏钱，他说自己就是没有时间做这件事。我向他解释，这行不通。要想愿景成为发动内在动力的引擎，那就必须是一种自主的表达，它必须是你自己的愿景（你的劳动成果），包含你的思想和价值观。

怎样创造你的个人愿景？在开始之前，我们建议你采取一些简单的措施来做准备。我们研发了以下几个支持工具来帮助你发掘有用信息，这些信息有助于你创造个人愿景的最终版。

- **个人 SWOT[㊀]分析**能揭示你的优势和劣势，还能帮助你识别可能阻碍你前进的威胁，并且找到新的机会。
- **个人成就清单**能帮助你写下你在生活中做到的让你对自己感到骄傲的事情。
- **分析激发动机的活动**能帮助你筹划你想在生活中做的事情。四种类型的活动可以产生强大的动机。
- **你的个人愿景的测试版**能帮助你为最终版的愿景打下基础。创造愿景的早期阶段最为重要，但人们往往拖延。这一工具将简化这个过程，并使你能够真正开始行动。

找一个空闲的下午，安静平和地开始工作。你将在以下内容中找到关于如何创造个人愿景的详细说明。创造个人愿景是需要花时间的。别着急，随着你开始动起来，你会发现自己正逐渐向**你的个人愿景的最终版**迈进。（你可以用附录“你的个人愿景的测试版”进行练习。）

㊀ SWOT 是个首字母缩写词，其中的 S（Strengths）代表优势，W（Weaknesses）代表劣势，O（Opportunities）代表机会，T（Threats）代表威胁。

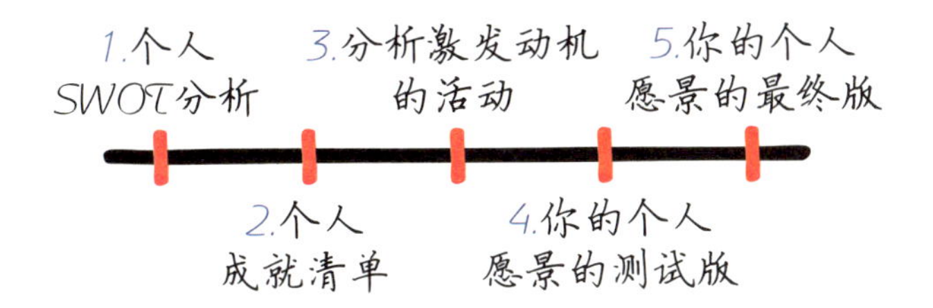

◎ 个人 SWOT 分析

你是不是富有创造力，但有时候会陷入混乱？或者，你是不是一个精确而善于分析的人，但有时无法即兴创作？我经常问人们有些什么优势和劣势，喜欢什么活动，不喜欢什么活动。这些问题相当重要，我发现，有趣的是，人们往往不知道怎么回答。个人 SWOT 分析将帮助你找到这些问题的答案。

你要做的第一件事是填写 SWOT 分析图的第一行，问自己："我的优势和劣势是什么？"耐心地列出至少五项优势和五项劣势。这一切有什么意义？

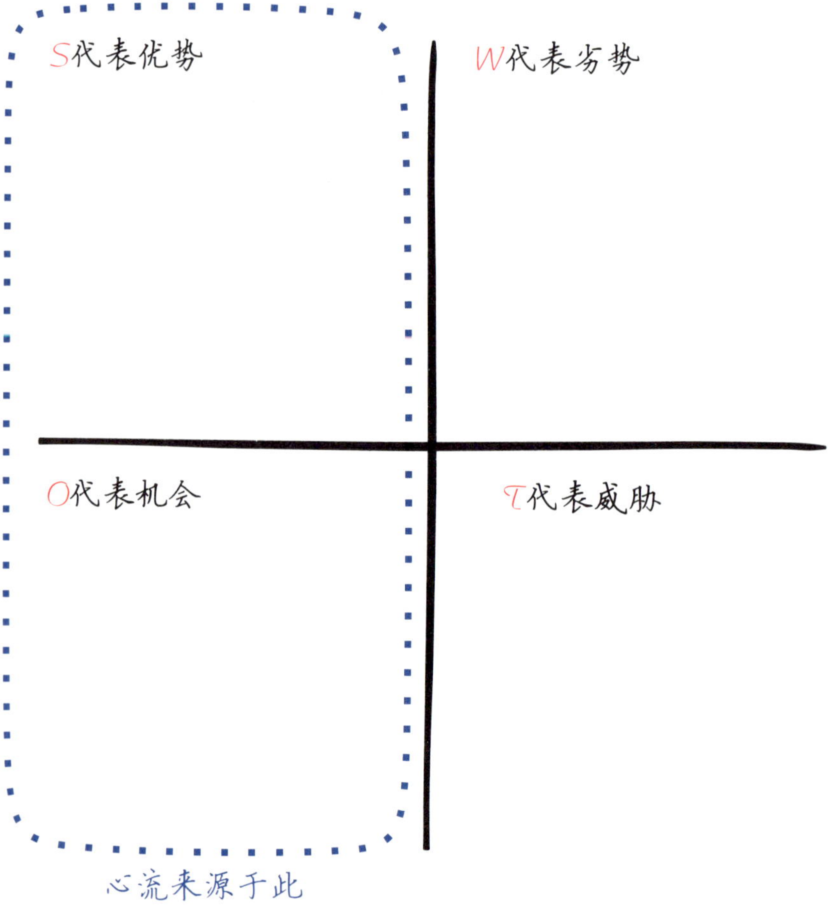

S代表优势

W代表劣势

O代表机会

T代表威胁

心流来源于此

你应当把优势发挥在为了实现愿景而最常做的事情上。当你具备了相应的技能并且感到有意义时，心流就诞生了。相反，劣势是心流的敌人，所以，在创造愿景时，要谨防劣势的干扰。如果你缺乏完成某项活动的技能，但这项活动对实现你的愿景很重要，那么到最后，你只会感到焦虑和受挫。

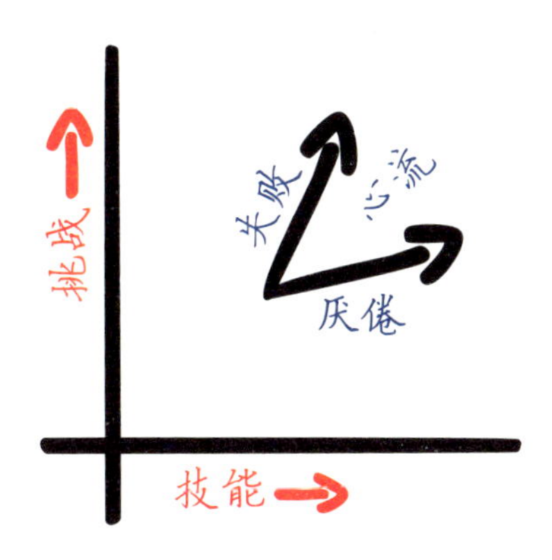

我们公司曾经有一名会计，他遗失了三年的财务账目。时至如今，我还记得走进他的办公室是什么感觉，里面四处散落着各种各样的文件。我认为，精确是每个会计都应当具备的优势之一，但他完全缺乏这种优势。大约五个月后，他已经不再和我们联系了，却找到了之前遗失的财务账目，并将其还给了我们。我认为他不是个坏人，也知道他不是故意这么做的。我只是觉得，他错误地估计了自己的能力。这段经历使我更加相信，人们在选择职业或接受什么样的教育时，应当考虑自己的优势与劣势。创造个人愿景尤其如此。

你应当花多少时间来弥补你的劣势？根据我的经验，虽然弥补劣势一定是有益之举，但你应该花更多时间来发展自己的优势。我发现，对我而言，理想的比例是 80∶20。这意味着我花了 80% 的时间来提升优势，只花 20% 的时间来弥补劣势。

个人愿景绝不只是对你提出挑战并为你指明正确的方向那么简单，你还要确保个人愿景包含了你的优势，并且让你投入了大部分精力的事能引领你实现个人愿景。

在写这些内容的时候，我并没有像我在研讨会上对观众演讲的那样感受到同样的心流状态。尽管我在这两种活动（写作和演讲）中都看到了同样的意义，但对我来说，演讲总是自然而然的，而我从未想过写作是我的一项优势。这就是为什么我的个人愿景更多地依赖于我自身的培训技能（演讲）而非写作能力。

让我们回到 SWOT 分析，下一步是填写机会和威胁。通过思考你在生活中拥有的机会，你可以发现这个世界带给你的多种可能性。在创造愿景时，重要的是挑出关键的机会，并且剔除不重要的机会。个人愿景最重要的特征之一是，它可以帮助你对抗决策瘫痪，并选择最重要的机会，即那把打开的潜力的剪刀所蕴含的机会。

如果留下了多条退路，那么你最终可能会对自己选择的道路不太满意。[47] 有意识地让潜力的剪刀开口更小，你将更容易发挥自己的潜能。例如，某人每天都在考虑是否要搬到新西兰，换份工作，或者找个新的伴侣。这将不断地消耗他的精力。然而，如果他能做出一个长期甚至永久的决定，而不是整天犹豫不决，就能把注意力集中在已经决定的重要事情上。

分析威胁是一项重要的预防措施，你应当经常考虑生活可能给你设置的障碍。通过分析，你会时常庆幸自己没有面临严重的威胁，这一发现有助于缓解担忧，消除对未来的恐惧，并且给你带来更强烈的踏实感。

如果你对 SWOT 分析的任何部分都不确定，不用担心，将来你随时可以再来分析。进行这项分析的主要目的是让你思考自己的人生的这四个方面，从而帮你创造个人愿景的最终版。

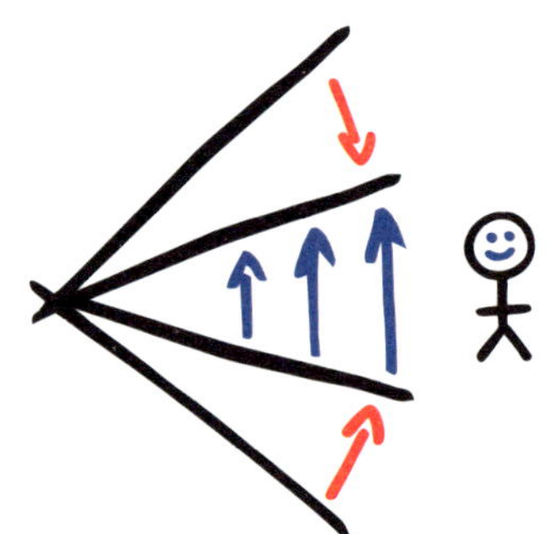

个人愿景有助于你选择最重要的机会。通过限制你的潜力范围，你将能够更容易地将潜力发挥出来。

◎ 个人成就清单

找些白纸，列出你一生中最重要的成就，写下让你颇感自豪的事情，继续写下去，直到写了 10 件事。这需要花些时间，所以，给自己 1 小时的自由时间，找个令人愉快的地方，拿起笔和纸，写下所有你想到的值得自豪的事情。

我的一位客户向我吐露，这是他第一次想到自己的成就。他告诉我，在列这份清单时，他想起了一些早已忘记的事情。等到我们再次见面交谈时，他甚至带来了一份包含 24 项内容的清单。他在看这份清单时，我能感受到他的热情与自信。热情与自信，对于最终实现你的个人愿景至关重要。个人成就清单将激励你，让你每次看到它的时候都能有乐观积极的心态。

个人成就清单

◎ 分析激发动机的活动

你想为自己的发展做些什么事情呢？想学点儿新的东西吗？锻炼身体，或者更健康地饮食？为了在这个世界上留下你的印记，你想从事什么样的活动？你想做些什么来建立与他人的关系？你能进行些什么类型的自我 2.0 活动？

分析激发动机的活动，有助于发现一些东西，当这些东西全都包含在你的个人愿景中时，这可以催生强大的内在动机。为求明晰，这些活动可分为四种类型：

- **能力提升活动** 包括教育、技能提升、体育运动、健康的生活方式和有效的休息方法。
- **创造遗产活动** 你的遗产就是今后你会留在这个世界上的东西。这些活动可以是有形的遗产（也就是种下的树、建造的房子），也可以是无形的传承（也就是向他人传递的思想和价值观）。抚养孩子就是后者的一个很好的例子。
- **构建关系活动** 人是社会动物，因此与他人建立关系非常重要。这些活动可以使你与家人和朋友形成亲密的个人关系，或者在工作中建立新的业务关系。

- **自我 2.0 驱动的活动**　这是指你并不是为自己，而是为身边的人做出的无私行为，可以是帮助他人的事情，也可以是改进社会的活动。总的来讲，这些行为有着更深的意义。

平衡了各方面的个人愿景应当包含一些相互补充的、涵盖上述四种类型的活动。例如，对我来说，写这本书是一项涵盖以上四种类型的活动。它提升了我写作能力，也传播了我的思想。此外，本书的出版，使得我有可能结识一些新朋友，而且我相信它将帮助读者过上更好的生活。

填好下面的图，这将有助于你勾勒个人愿景的最终版。对于每种类型的活动，试着至少提出三个你想在现实生活中做的事情。

◎ 你的个人愿景的测试版

为了完成个人愿景的最终版，还有一种支持方法是先推出它的草稿：测试版。根据我的经验，当人们着手创造自己的愿景时，往往将其他事情摆在前面，却将个人愿景一拖再拖。测试版可以让你轻松迈出完成最终版的第一步，还会增大你继续努力并最终创造个人愿景的概率。

如果你能回答以下问题，你就已经拥有了个人愿景的测试版。

1.能力提升活动

2.创造遗产活动

3.构建关系活动

4.自我2.0驱动的活动

你的愿景的测试版本

1.你最喜欢引用谁的名言？你与哪种思想产生了共鸣？

2.你生命中最重要的三种价值观是什么？

3.你想怎样度过你的时间？你心目中理想的工作是什么？

4.你怎样为社会做贡献？你能从事一些什么样的自我2.0活动？

◎ 你的个人愿景的最终版

理想的个人愿景的最终版应该是什么样的？由于自主是创造愿景的关键因素，所以，最终的形式主要取决于你。你的愿景宣言可能有几段很长的文字，也可能只有短短几行字。它主要是为了唤起你想要的联想、想法和情感。尽管如此，你还是应当遵循一些基本的原则，以帮助你增大个人愿景产生长远影响的机会。

- **有形的形式**　把你的愿景写在一张纸上，真的是件很值得做的事情。这样一来，你就可以随身携带，挂在某个地方，看着它，并且定期拿出来读一读。我们的大脑有一种忘记最重要事情（包括我们的个人愿景）的倾向，这令人吃惊。也许你头天晚上上床睡觉时，脑子里的愿景非常清晰，但第二天早上醒来时，却发现想不起来了。有个书面的版本作为持续的提醒，那么，你每天早上醒来时，就能回想起一些主要内容。把愿景写下来，还将使你更新和修改它，使之更趋于完美。
- **情感响应**　为了增强情感响应，你可以添加一些自己最喜欢的名言或者令你产生强烈共鸣的观点。一张图片或照片也能产生类似的效果，因为它可以唤起直接的联想。你的个人愿景就像这本书一样，可以包含图表、画作或者任何其他的图形元素。它可以成为你的私人艺术品。

- **专注于行动而非目标** 正如我之前解释过的那样，人们常常掉入享乐适应的陷阱。如果你不想沉迷于目标，那么，你的个人愿景应当专注于实现目标的努力过程，而不是目标本身。例如，你的愿景可能包括这样一句声明：“我的人生目标是……”通过专注于实现目标的过程，你就会朝着达到心流状态的方向努力，让你现在更幸福。
- **结合自我 2.0 活动** 如果你的目标太过自私，将无助于你体验意义感。因此，你的个人愿景应当既包含自我 1.0 活动，又包含自我 2.0 活动。发明家尼古拉·特斯拉（Nikola Tesla）这样描述他的愿景：“我所做的一切，我为人类所做的一切，为一个不会因富人的暴力而羞辱穷人的世界所做的一切，就是制造和生产能为社会服务、能改善人类生活，并能使人们过上更好生活的智慧、科学和艺术的产品。”
- **平衡与联系** 你的个人愿景应当平衡各个方面，涵盖你的职业生涯以及个人和家庭生活。既然你不能把百分之百的时间和精力花在每件事上，那你就得确定需要你优先处理的要事和你希望花在每项活动上的时间。个人愿景还应当是连贯的，这意味着它的所有部分应当和谐一致，不应存在根本冲突，也就是说，实现你的愿景的某个部分，并不会让你无法实现愿景的其他部分。
- **使用提示物** 提示物是指能够提醒你记得个人愿景的实物。我有一枚戒指，是我年轻时自己做的。它的形状独特，我用来作为自己的视觉化符号。每当我想要提醒自己记得个人愿景，而手头又没有写着个人愿景的纸条时，我就会扭动几下戒指。这种小小的仪式能帮助你的大脑将你所选择的事物（即提示物）与你的愿景包含的思想联系起来。你继承的珠宝、手表、照片、电脑桌面背景、某个特定的符号、某首喜爱的歌曲，甚至是某种闹钟铃声，都可以作为提示物。

创造和完善个人愿景可能是个终身的过程。你的愿景即使现在看起来很完美，未来也可能出现新的情况，需要你去完善。

创造个人愿景是有效对抗拖延症的第一步，也是最重要的一步。不幸的是，这也是一个人们经常拖延的步骤。**当遇到拖延症时，不要拖延。**

在理想情况下，你应当做好用整个下午来完成上述步骤的打算，并且创造出个人愿景的最初版。你一定要现在就把这个活动安排到你的日程表中。我们创建了一些可打印的工作表来帮助你，你可以在本书附录中找到它们。

将个人愿景付诸行动的办法

1.你每天能做些什么来利用个人愿景?

2.你可以按照什么步骤来定期完善个人愿景?

3.你可以做些什么，使你自己永远不会忘记个人愿景?

4.你会采取什么具体的行动来充分利用个人愿景?

本章回顾：动机

你的动机越强，拖延的可能性就越小。并非所有类型的动机对幸福感的影响都一样。

外在动机的大棒会给人们带来压力，迫使他们去做通常不想做的事情。其结果是不幸福，导致大脑释放更少的多巴胺。这将使大脑功能恶化，创造力降低，记忆力和学习能力衰退。

当你受到**基于目标的内在动机**的激励时，由于享乐适应的效应，实现目标只会产生一种暂时的快乐状态：**快乐情绪**。这种情绪将导致成瘾。

当你受到**基于过程的内在动机**的激励，而不是两眼紧盯着目标时，你将全神贯注地做你想做的事。这种动机使你克服了享乐适应，**能更经常地感受到当下的幸福**。

当你做自己想做的事情并且结合了你的优势时，你将达到一种**心流状态**。你的大脑会不断释放多巴胺，从而带来更高水平的创造力和更有效的学习能力，这将帮助你实现**精通**。

在你的愿景中融入无私的**自我2.0**活动，将产生**意义感**。意义提高了内在动机的有效性，帮助你更有激情地体验最充实的生活。

个人愿景是激发基于过程的内在动机的主要工具。它有助于你确定优先处理的要事，减少决策瘫痪，并且引领你去做真正有意义的事情。

如果你和秉持相似价值观及个人愿景的人合作，可能产生强大的群体愿景，这会催生出一种非常强烈的群体动机。

你可以使用几个支持工具来创造个人愿景：**个人SWOT分析**、**个人成就清单**、**分析激发动机的活动**，以及你的**个人愿景的测试版**。

由于**自主**极其重要，个人愿景的最终版主要取决于你自己，也就是它的所有者。尽管如此，你还是可以遵循一些基本的原则来提高它的有效性：有形的形式、情感响应、专注于行动而非目标、结合自我2.0活动、平衡与联系，以及使用提示物。

要监测你的长期进步，你可以给当前的动机和个人愿景工具的使用情况打分，分值从 1 到 10。

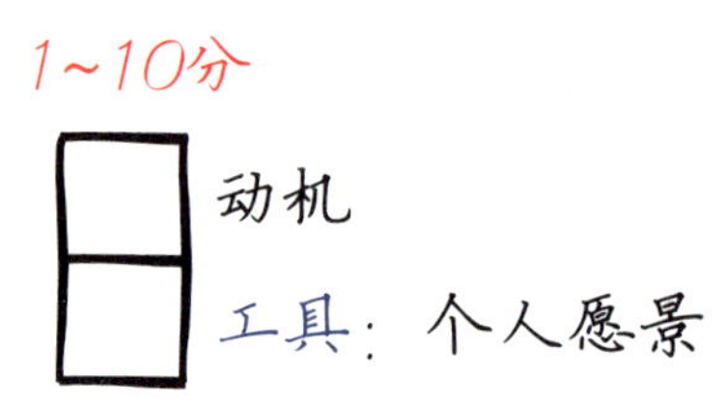

我不指望每位读者一次就能创造出完美的愿景。依据本章所述，对人生的方方面面做出微小的改进，你的人生就有可能在未来产生巨大、积极的变化。我相信，如果你不断地回顾本章的主要观点，总有一天，你将创造出最令你满意的个人愿景。希望你有足够的力量去寻找和发现你的个人愿景。

第 2 章

纪　律

怎样给自己下命令并使自己服从

在读大学时，我和一个建筑系的学生合住一间宿舍，后来，他成了一名建筑师。在学校时，他是个聪明睿智且才华横溢的学生，是我的好朋友，但也是我见过的最严重的拖延症患者之一。他已经熟练掌握了贪睡的“技巧”。有时，他的闹钟会每隔十分钟响一次，一直响到午饭时间。他的特长是在最后一分钟内来做几乎所有的事情。他养成了一个习惯，就是在交作业的前一天晚上完成作业，而且通常一直忙到第二天早上。有时候他的确完成了学习任务，但大多数时候都没能完成。我过去和他很像。

不过，你不必忍受心理压力、不良的睡眠习惯、内疚感以及像滚雪球一样永远都无法控制的各种问题。如果你知道怎么做，就能改掉拖延的习惯。

你能回忆起你确切地知道自己该做什么却没有做的时候吗？你是否发现自己有时候无法倾听自己内心的声音？人们拖延的一个主要原因是缺乏纪律，也就是说，缺乏说服你的身体去做你想做的事情的技能。

纪律是个人发展的第二重要因素，仅次于动机。纪律的核心因素也是第一个因素，是自我调节（self-regulation），也就是战胜消极情绪的能力，消极情绪会导致我们逃避任务；第二个重要因素是控制决策瘫痪的能力；第三个因素是我们称之为英雄主义（heroism）的概念，它基于迈出舒适区的艺术。

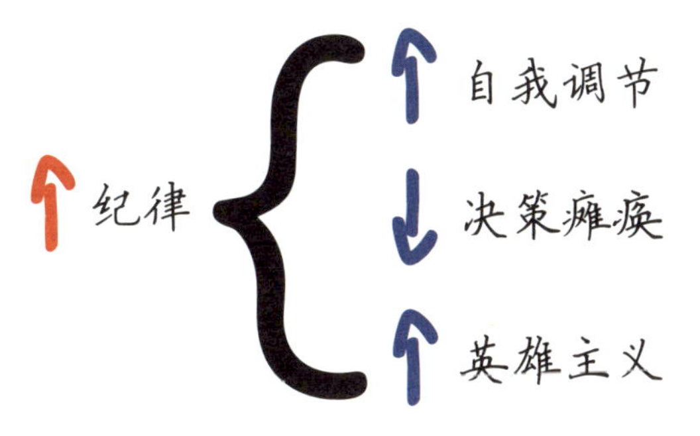
纪律
自我调节
决策瘫痪
英雄主义

本章基于一些实用工具，这些工具有助于你做出持久的自我控制的改进。更强的自我控制能力将使你变得更有成效、更加高效，因而能做更有意义的事情。通过更高效地实现你的个人愿景，你将感到更幸福。

当理智说“是”但情绪说“不”的时候

我爸爸总是说：“彼得，你得学会给自己下命令。”我总是回答：“爸爸，你说的是什么意思？我在心里告诉自己该做什么，可我就是听不进去。”迄今为止，对拖延症进行的最广泛的研究分析表明，我们拖延的主要原因很可能是无法倾听自己内心的声音。[48] 倾听自己内心的声音这种能力，其学名是**自我调节**。

当你内心想跳进一个冰冷的水池，但你的身体拒绝跳下去时，会有什么感觉？当你想和陌生人对话，却只是静静地站在那里，你又有什么感觉？你有多少次告诉自己要开始做某件事，但接下来的几个小时把精力和时间花在别的事情上？在你的一生中，有多少次你试着告诉自己该做什么，最后却没有去做？

我们无法服从自己的命令的原因，隐藏在人类大脑的进化史中。在数百万年的历史进程之中，我们的大脑不但体积变大了，而且发育出了新的部分。[49]

人类大脑最古老的部分是脑干，也被称为爬虫脑，它负责基本的反射与本能。后来，负责情绪的大脑边缘系统在我们的哺乳动物祖先中进化出来。很久很久以后，我们大脑中最年轻的部分出现了，它就是新皮质（neocortex）。新皮质负责理智与逻辑思维、计划以及语言。[50]

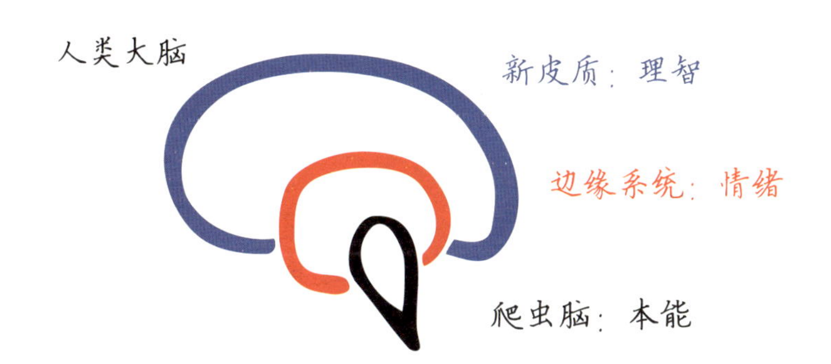

由于大脑是随着时间的推移而逐渐发育起来的，从更旧的边缘系统到较新的大脑皮质之间的连接，比相反方向的连接要多得多，也牢固得多。[51] 最终的结果是，我们的行为受情绪的影响要比受理智的影响大得多。因此，正是大脑这样的结构，使得人们如此不善于倾听自己内心的声音。理智的新皮质发出了命令，但是，更强大的情绪的边缘系统不服从。

自我调节是有意识控制情绪的能力。这种能力发展得越好，你越会经常做你告诉自己要做的事情，也越能抵制诱惑。如此一来，你将会减少拖延。

自我调节的技能并不是指关闭情绪，情绪本身并不坏。恰好相反，情绪使得决策更容易，使得人们的反应比仅依靠理智的反应更快，从而有助于生存。增强自我调节能力，你可以避免在情绪对你没有益处的情况下陷入情绪的陷阱，变成它的奴隶。

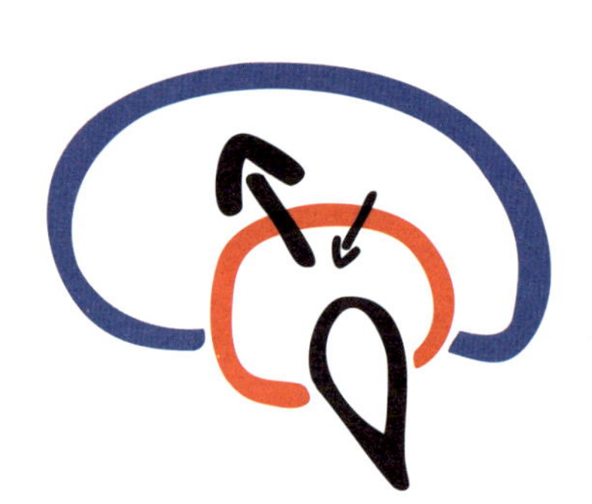

大脑进化的方式带来了更多的神经连接，从情绪的大脑到理智的大脑。

有些情绪是在与我们今天完全不同的环境中进化的。例如，对靠近我们的陌生人的恐惧，很可能是在进化史上某个时期发展出来的，那时，我们人类的祖先还生活在洞穴里，组成一个个小群体，陌生人的出现可能构成严重的威胁。然而，当今世界的变化速度，更胜于我们的情绪能够适应的速度，因此，情绪经常让我们做出不恰当的反应，不再是我们的帮手了，反而成为我们需要克服的障碍。这正是自我调节如此重要的原因。

如何控制那些使你的行为慢下来的情绪？怎样克服那些让你麻痹的消极情绪，以及那些让你拖延的情绪？如何提高自我调节的能力？这些问题的解决办法，可以用“大象和骑手”这个古老的佛教比喻来优雅地演示。这个比喻十分简单，极具启发性，以至于当代心理学也引用了。[52]

每个人的性格都可以分为两种独立的生物：大象和骑手。

◎ 情绪的大象和理智的骑手

形象地讲，我们每个人的内心都有两种独立的生物：一头野生的**大象**和一个控制大象的**骑手**。大象象征着我们的**情绪**，骑手则代表着我们的**理智**。大象和骑手的体形差异，形象地概括了负责处理情绪的边缘系统和负责处理理智的新皮质之间连接的不平衡。

自我调节是骑手控制大象的能力。骑手越是能干、强壮，就越能让大象听话，并指引它朝着正确的方向前进。如果骑手虚弱或疲劳，便失去了控制大象的能力。

就像骑手必须学会控制他骑的大象，以便引导它向正确方向前进一样，我们也必须学会有意识地控制情绪，以便采取正确的措施实现个人愿景。只有骑手想遵循你的个人愿景是不够的，大象也得遵循。当骑手和大象之间和谐相处时，你就处于心流状态。在这种状态之下，大象十分享受，骑手也知道你所做的事情与你的愿景一致。

怎样才能学会控制大象？怎么驯服它？自我调节能力的基础是什么？

骑手与大象之间的和谐，对于实现你的个人愿景至关重要。

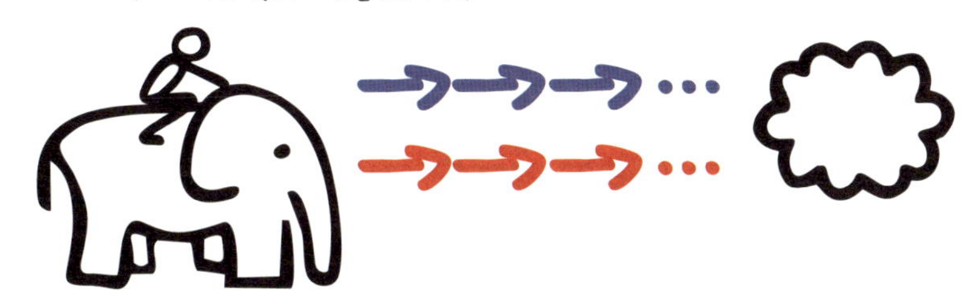

◎ 认知资源：自我调节的关键

研究表明，你的自我调节能力是有限的，依赖于所谓的认知资源（cognitive resource）。[53] 在大象和骑手的例子中，骑手当前的精力水平代表可用的认知资源，好比一杯水。每次你说服自己采取行动，你的认知资源就会流失一些，好比把水从杯子里倒出来了。

认知资源代表骑手的精力。每次的自我调节行为都会降低认知资源的水位。

一旦你耗尽了所有的认知资源，就失去了自我调节的能力，你的情绪便会取而代之。骑手耗尽了精力，便再也无力控制大象了，大象开始做它想做的任何事情。它开始强迫你看电视、上社交网站、看色情片、弄虚作假、喝酒抽烟、暴饮暴食、疯狂购物，大象开始拖延你的时间了。

一旦认知资源被耗尽，骑手就再也无力控制大象了，大象开始做它想做的任何事情。

好消息是，你可以在一天中补充认知资源，甚至可能增加其总容量。这意味着，你不仅可以给想象中的杯子加满水，甚至还可以使杯子变得更大一些。

◎ 补充认知资源

如果你想一整天都能自我调节，那就得定期补充认知资源，你需要给杯子里加水。

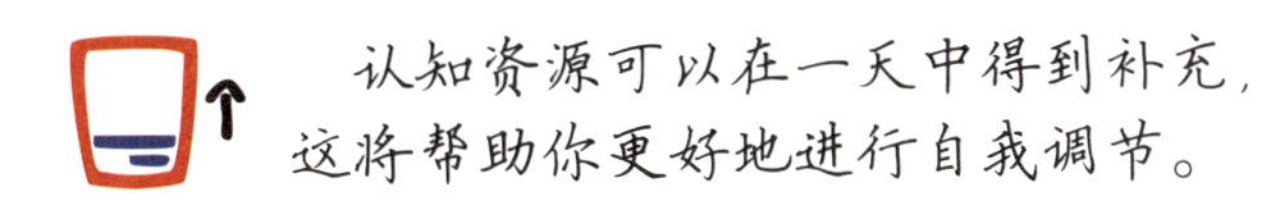

你应当**定期补充认知资源，有备无患**，而不应拖延。如果你在本应休息的时候不休息，就可能耗尽认知资源，以至于再也没有精力去补充它。

研究表明，认知资源在很大程度上依赖于营养物质，尤其是葡萄糖等单糖。[54] 因此，为了补充你的自我调节能力，喝点新鲜果汁或者吃些水果是很好的办法。另外一种补充方法是花些时间做一些不需要体力的活动，让你的骑手放松放松。[55] 比如，步行五分钟，差不多就可以让骑手“满血复活”。[56]

因此，你应当每天关掉手机几次，喝杯果汁，独自在街区散步。你花在这些活动上面的时间，将有助于补充你的认知资源，以便做更多需要自我调节的活动。定期补充你的认知资源，可以成倍地提高你的生产力。

我的许多客户向我透露，他们工作到深夜，简直被“榨干”了，我以前也是这样的。后来，我学会了安排好每天的休息时间，而且最重要的是学会了照这些计划行事。有时候，如果我有规律地补充认知资源，当结束一天的工作时，我反而比早上起来时更加精力充沛。

◎ 增加认知资源

当一个人说他有着坚强的意志时，通常意味着他的认知资源的容量很大。如果你“装水的杯子”更大，就能够更持久地进行自我调节。

相比之下，拖延者的自我调节能力很弱，因此，他们的骑手很快就会筋疲力尽。目前的研究表明，意志力与肌肉相似，[57] 两者都可以通过训练来增强；增强了意志力，有助于让你的骑手表现更佳。

你的**意志力肌肉**既有可能得到增强，也有可能消耗殆尽。正因为如此，制订太多的影响极其深远的新年计划，并不是一个好主意。过多的新年计划对意志力的影响，就好比每年在健身房做一次极度剧烈的运动对肌肉的影响一样。短暂的突击锻炼对意志力没有帮助，就和它对肌肉没有帮助一样。事实上，这种锻炼反而可能使情况恶化。因此，你得十分谨慎地对待自己的认知资源。

补充认知资源是提高自我调节能力的基础，因而也是长期、有效对抗拖延症的基础。增强意志力肌肉的关键在于采用正确的方法**培养习惯**。

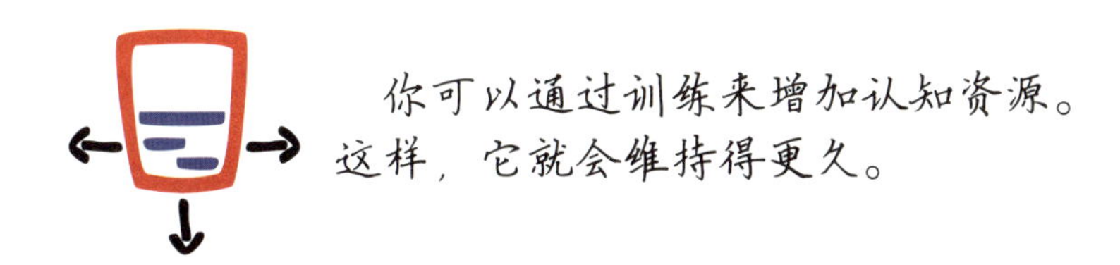

◎ 培养习惯：如何训练大象

最近，我的一个同事首先进行了训练，然后参加了 70 英里[㊀]的山地超级马拉松。时间回到仅仅几年前，他根本没有跑过步，事实上，跑步是一项他不喜欢的运动。我现在认为，这个曾经不负责任的拖延者，是我认识的有着最强意志力肌肉的人之一。通过逐渐养成习惯，他让自己的大象步入正轨。

㊀ 1 英里≈1.61 千米。

在生活中，你需要做的很多事情一开始都是不愉快的。这会带来厌恶情绪，使你决策瘫痪，令你做事拖延。即使理智告诉你必须完成某项任务，消极情绪也会阻止你去做。你的大象会把它看作一个障碍而感到害怕。你越是厌恶（任务越大、越复杂），它对大象造成的障碍就越大。

情绪上的厌恶是一种障碍，它会导致决策瘫痪，使人无法合理地执行计划好的行动。

生活中许多重要的事情都在这些情绪障碍的另一边，因此你需要学会克服情绪障碍。怎样应对厌恶情绪？怎样去学着喜欢那些不愉快的活动？你又怎样学会在做这些事情时慢慢变得得心应手呢？

为了战胜决策瘫痪，你得把门槛设得越低越好，这样大象就不会害怕。接下来，你要教大象跨过这个低门槛。你可以通过定期的重复来实现，通常需要重复 20～30 次[58]。然后，它将成为大象的一项自动进行的活动；重复了这么多次之后，你将养成一个新的习惯，如此一来，你就不会再对做这件事感到厌恶了，

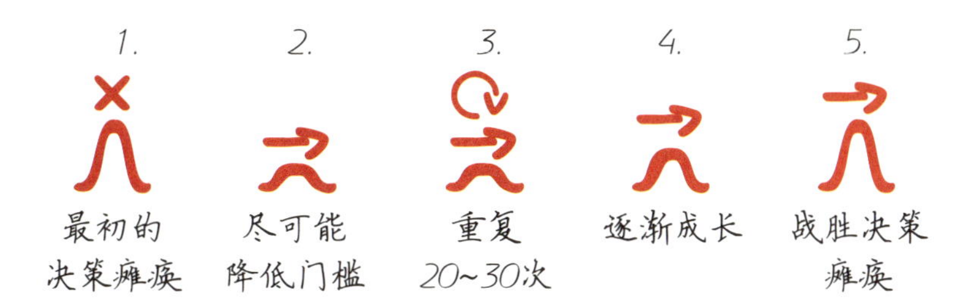

它就好比刷牙一样自然。

只要你适应了自己的新习惯，就可以**慢慢抬高门槛**。通过这种方式，你将学会克服最初导致厌恶和决策瘫痪的障碍。

我就是这样开始写这本书的。起初，我告诉自己，每天只写两个段落。对我来说，尤其是对我的大象来说，只写这么多内容，是可以接受的。如果从一开始我就告诉自己要写好几页甚至整整一章，那么，恐怕直到今天，这本书也不会出现在你的面前。

养成习惯与工作量无关，而与小的步骤和定期的重复有关。通过小的步骤，你可以做出大的改变。很久以前，日本武士使用一种循序渐进、不断学习的方法来克服哪怕是最不愉快的事情，他们称之为改善[59]（kaizen）。

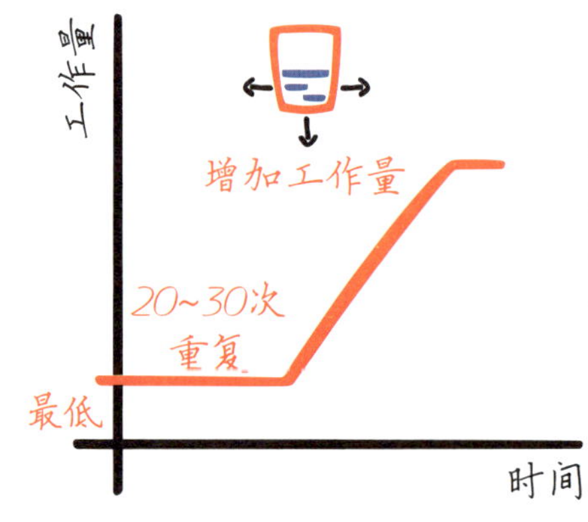

在培养新的习惯时，一开始把门槛设得越低越好。一旦你养成了新的习惯，便可以开始增加工作量。这将有助于锻炼你的意志力肌肉。

一旦养成了新的习惯，你就能够通过逐渐增加工作量来增强意志力。当你慢慢抬高门槛时，意志力就会增强。意志力越强，你就越容易克服更多障碍。

如果你想跑步，一开始就出去跑两英里，并不是最好的方案。把门槛设定得太高，很可能吓到你的大象；你可能会跑一两次，但这次的经历，说不定就是你跑步生涯的终点。

如果你想把跑步变成一种习惯，必须从尽可能低的门槛开始。每天出去跑几百英尺[1]。或者只是穿上运动服出去走一走，然后回来。这样的话，你的大象会觉得很

---

[1] 1 英尺≈0.30 米。

舒服。如果你能重复这个小步骤几次，大象就会习惯，你就能开始延长自己的跑步时间。你可以采用这种方法练习跑步，不管跑多长的距离，都可以如此循序渐进地加码。从那以后，你将在跑步的时候进入心流状态，你会开始享受跑步。

不论是学会早起、健康饮食、定期锻炼，还是改掉坏习惯，你都可以通过一些小的步骤来实现。渐进的变化比突然的激进变化更加令人愉快，前者更加持久，因此成功的概率要大得多。

由于做任何事情都只需要一种意志力肌肉，如果你在做某件事情时训练了它，也就可以利用它的力量去做其他事情。我的同事通过跑步锻炼了自己的意志力，现在每天都在工作中运用这种意志力。

◎ 如何养成习惯并保持

我们很容易在放假、生病期间或者仅仅由于忘记了而中断习惯的养成，当这种情况发生时，你得知道如何尽快恢复习惯。很多人暂停一段时间后往往犯下严重的错误，这个错误会吓到大象，致使大象放弃了好不容易养成的习惯，也就是说，人们常常误以为应从停顿前的地方开始。例如，在生了一场病后，你想着恢复跑步，并且一跑就是两英里，这是你在生病之前曾经努力跑过的距离。不过，生病之后立即恢复到生病之前的同样强度，对你来说是强大的冲击，可能引起大象的厌恶。

所以，一旦你中断了某个习惯的养成，应当重新**把门槛设置得尽可能低**。重复几次之后，你就可以再次抬高门槛了。说到养成习惯，改变总得慢慢来。

当习惯的养成被中断时，你应该怎么做

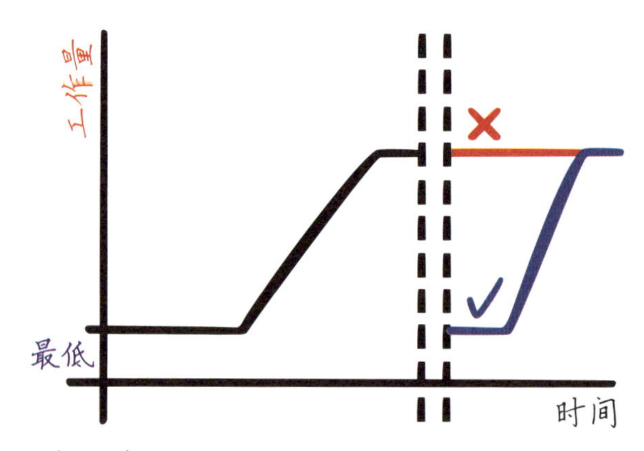

如果你的某个习惯被中断了，从之前停止的地方重新开始并不是个好主意，这可能导致决策瘫痪。回到你之前的最低目标，并且重复几次，这才是安全的。只有这样，你才能再次让自己表现得更好。

◎ 如何改掉坏习惯并永远不再沾上

你可以用与学习新习惯相同的方法来改掉坏习惯。通过采用改善方法（kaizen-style）逐渐限制坏习惯，你最终可以摆脱它们。

我的一位客户过去每天抽一包半香烟。由于他曾多次戒烟但最终全都失败了，所以对自己失去了信心，认为自己无法改掉这个坏习惯。于是，我们和他一同确定，应当试一下改善方法。

他为第一个月设定了门槛：每天抽一包。这并没有使他的大象产生多强烈的厌恶情绪。过了 20 天后，他慢慢减少每天抽烟的数量。第二个月，他从每天 20 根、15 根，减少到 10 根。第三个月，他成功地从每天 10 根减到 5 根，一直到 0 根。今天，他可以自豪地说，他已经一年半没抽过烟了。

我们还利用这一方法使酗酒者戒酒，让从不锻炼的人天天运动。我的一位客户学会了不再咬指甲，还有一位学会了享受熨烫衣服。所有这些变化都是循序渐进发生的，这也正是它们能够持续下去的原因。

你可以通过故意**引起反感**来提高自己与坏习惯做斗争的能力，给大象设置障碍。例如，你可以有意地在子文件夹中“隐藏”社交软件的图标，这将降低你经常点击它的可能性。

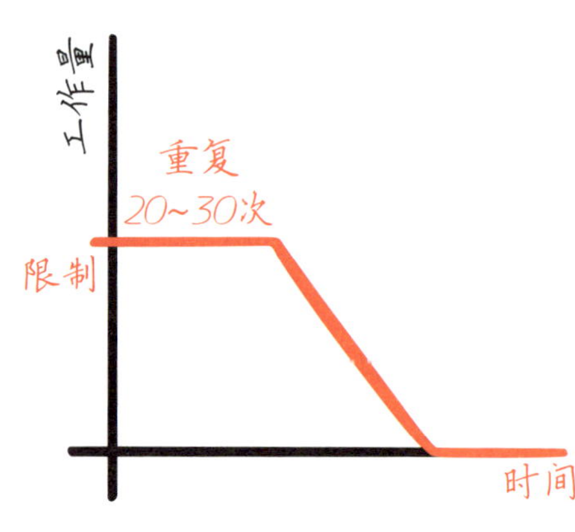

当要改掉坏习惯时，首先你需要设定一个可以接受的门槛，然后逐渐减少相应行为的出现频率，直到你完全改掉它。

我的一位朋友就是利用这一原理来戒烟的。他向自己保证，每买一包烟，就送给某个乞丐 50 美元。这样的话，在他看来，香烟的“价格”大幅上涨了，使得他不再买烟。不论我们要做的事情是什么，增加对这件事情的厌恶感几乎都可以让人觉得它是不愉快的。

你可以故意制造厌恶感，避免大象去做骑手不希望它做的事情。

我和同事整理了关于骑手与大象、认知资源与习惯养成的研究结果，并且制作了一个简单的工具，用来每天锻炼你的意志力肌肉。我们称这个工具为习惯清单。习惯清单与个人愿景一道，是帮助你战胜拖延症的又一重要工具。

工具：习惯清单

习惯清单是培养**纪律**的重要工具。它将帮助你逐渐增强意志力肌肉的力量。虽然使用这种方法每天只需三分钟，但它将有助于你在人生中做出重大而持久的改变。

和大脑的情绪边缘系统相比较，你的大脑中的新皮质处于劣势，而习惯清单可以改变局面，使新皮质不再处于劣势。小小的一张习惯清单，吸收了自我调节、认知资源、改善技巧和养成习惯的规则等方面的研究结果。

习惯清单可以帮助你学会早起、健康饮食、定期锻炼、关注教育，或者养成所有好的习惯。它还可以用来控制你的**坏习惯**。它能帮你成功戒烟、不再贪睡、拒绝暴饮暴食、少花时间上网、不再酗酒，也不再拖延。

填写习惯清单将成为一种元习惯。这意味着你将养成学习新习惯的习惯。习惯清单在某种程度上是个人发展的支柱，是我们可以继续培养其他新习惯的基础。（你可以在附录“习惯清单”中进行练习。）

◎ 习惯清单如何发挥作用

这种方法基于你每天都要填写的一份简单表格。整张表代表一个月，一行代表一天。表格的每一列都包含一个特定习惯：要么是你想养成的好习惯，要么是你想改掉的坏习惯。

你要给每个习惯取一个名字，并且设定一个**最低目标**。例如，假设你想养成早起的习惯，可以把这个习惯称为“**早起**”，并将起床时间设定在**早上** 7:30。重要的是把门槛设定得尽可能低，这样一来，你（尤其是你的大象）就不会感到厌恶。例如，对于**锻炼**的习惯，你可以设定诸如“**做 10 个俯卧撑**”“**做 5 分钟操**”或者“**跑步 500 英尺**”的目标，当某些习惯（比如**健康饮食**）无法设定成客观的目标时，你可以使用 **1～10 分**的主观评分。

所有习惯中的第一列应始终是填写“**习惯清单**”。最后一列应包含 1～10 分的评分，这是对你在某一天**多么出色地发挥自身潜力**的主观评估。你可以将想要培养的任何习惯都纳入习惯清单，但要记住，习惯清单上的目标习惯越少越好。对于新手，我们推荐 3～5 个习惯。一旦对应用这种方法积累了更多的经验，你就可以在下个月的清单中添加一些新的习惯。

习惯清单

习惯	习惯清单	早起	锻炼：跑步	酒精	……	日常潜力
最低	每天	早上7:30以前	500英尺	2杯葡萄酒		1~10分
1.						
2.						
3.					……	
4.						
5.						
⋮					……	

习惯清单涵盖一个月。每一行都是新的一天。这些列包含了你想要养成的习惯和想要改掉的坏习惯。在不引起强烈抵触情绪的情况下，为这些习惯的改变设定一个目标。

要使用这种方法，请每天晚上填写对应的行，记录你在培养每一种习惯时的表现：如果达到了目标，用一个**绿色的点**标记那个单元格；如果没有达到目标，用**红色的点**标记那个单元格。当你某一天的所有习惯旁边都有了一个绿点时，你可以在最后一列里加上一个绿点，这样就能记录下你在多大程度上发挥了自身的潜力。如果一行中的某个习惯标记了红点，那么，该行的最后一个单元格中也要标记红点。

通常，习惯清单在几天后就能显示出结果。几周后，你将看到巨大的变化。当你开始养成新的习惯时，习惯清单开始变绿；当连续获得超过 20 个绿点时，你就可以开始提高自己的表现水平了。然而，由于可能的干扰，你首先要保持最低目标不变。

◎ 拓展这种方法的创意

- **蓝点**　如果你因为无法控制的事情而不能坚持某个习惯，用蓝色的点标记它。例如，假设你生病了或者正在度假，显然无法完成习惯清单上列出的一些任务。但是，要谨慎使用蓝点以避免合理化[一]的可能性。在评估每天的潜力时，不要把蓝点计算在内。

[一] 合理化包括为行为寻找合理的理由，如果没有合理的理由，这些行为将是不可接受的。换句话说，这是你的大脑在找借口。

填写习惯清单

习惯	习惯清单	早起	锻炼：跑步	酒精	……	每日的潜力
最低	每日	早上7:30以前	500英尺	2杯葡萄酒		1~10分
1.	是	早上7:00	500英尺	0杯		9分
2.	是	早上7:20	500英尺	0杯		7分
3.	是	早上7:00	750英尺	4杯	……	8分
4.	是	早上9:30	0英尺	0杯		5分
5.	是	早上7:30	500英尺	0杯		7分
⋮	⋮	⋮	⋮	⋮	……	⋮

每天晚上，填好当天的情况。对于每个习惯，记录你的表现，如果达到了目标，画个绿点。如果没有，画个红点。如果整行全是绿点，就在该行的最后一列中标记一个绿点。

- **非日常习惯**　如果你有任何不需要每天完成的习惯性的任务（例如，你每隔一天才做的事情），那么在不需要完成这些任务的日子，事先将任务划掉。如果这个单元格是要划掉的，你就用个绿点标记它。
- **30天挑战**　我建议你每个月选择一个你会集中精力去养成的习惯，要确保整整一个月下来那个习惯中只用绿点做了标记，没有任何红点，并在习惯清单中用红色标出这个习惯的名字。你也可以用一个30天的挑战来测试某个习惯是否适合你。你可能想尝试一个月内不喝酒、不吃肉，或者每天早上洗个冷水澡。如果你刚刚开始使用习惯清单，我建议你将第一个30天挑战设定为“填写习惯清单”。
- **画条重新开始的线**　如果你没有用好习惯清单（假如清单上有太多的红点，或者你有几天忘记了填写清单），那么，画一条粗黑线。原谅自己，重新开始。粗黑线将帮助你重新开始，而且这次会比上次更好。就像不轻易标记蓝点那样，你也要注意不要滥用粗黑线。每个月如果出现了两条粗黑线，则可能有些问题。

习惯清单的拓展

习惯	习惯清单	早起	锻炼：跑步	锻炼：健身房	……	日常潜力
最低	每天	早上7:30以前	500英尺	每周一次		1~10分
1.	不是	早上7:00	0英尺	X		6分
2.	不是	早上7:20	0英尺	X		5分
3.	是	早上7:00	750英尺	是		8分
4.	是	早上7:30	生病	X		6分
5.	是	早上7:30	生病	X		7分
⋮	⋮	⋮	⋮	⋮	……	⋮

用红色标出你30天挑战的名字，并试着自始至终保持这个习惯。如果你由于无法控制的事情而不能坚持某个习惯，用蓝色的点标记它。如果某个习惯不是你每天都要做的事情，那就提前划掉这些单元格。如果你没能坚持使用习惯清单，可以通过画根粗黑线的方式重新开始。

◎ 为什么习惯清单有用

- **简单**　就像本书中的其他方法一样，习惯清单的方法也非常简单。简单增大了你马上使用它的可能性。正如意大利画家达·芬奇（da Vinci）曾经说过的那样："至繁归于至简。"
- **定期**　每天提醒自己要培养什么习惯，会让你真正开始行动，并确保其成为持久的习惯。定期的提醒，有助于我们对抗大脑最糟糕的倾向之一：忘记。
- **具体**　习惯清单不仅仅是电子版的，它还是写在纸上的，这一点至关重要。当你把它写下来时，你就和它建立了一种联系。哪怕是点击几次鼠标，打开电脑，或者点击应用程序等一些细微的动作，都可能成为你使用习惯清单的障碍。同时，你也很难忽视那些写在纸上的东西，尤其是当放在你的书桌上或床头柜上时。
- **视觉化的反馈**　习惯清单可以给你即时且看得见的反馈。你能够清楚地看到自己的每个习惯培养的情况。清单上一开始是些绿点还是红点，并不重要，重要的是反馈，习惯清单就像一面镜子。在持续几周使用这种方法后，其中包含的绿点数量几乎会自动增加，整张清单都变成绿点，指日可待。

- **与你的愿景联系起来**　习惯清单上的习惯应当与你的个人愿景相对应。甚至，每天阅读一下你的愿景，也可以作为一个习惯来培养。你能在本书的习惯清单中找到这一列。重要的是知道你为什么要养成这些习惯，答案应当包含在你的个人愿景之中。

◎ 潜在的风险

- **高估自身能力**　人们最常犯的错误是高估自身能力。他们把自己的目标定得太高，或者试图一次养成太多新的习惯。记住，在处理习惯清单时，越少越好。刚开始时尤其要小心。这好比吃东西，起初只咬一小口，就不会噎着了。随着时间的推移，你会发现什么样的目标和多少个习惯最适合你，这将帮助你设置正确的门槛。
- **两次没能坚持，就会彻底放弃**　如果某个特别的习惯被你遗漏了，也就是说，你的清单上出现了“没有坚持”，那么，一定要在第二天保持这个习惯。如果不这样做，你永久放弃它的可能性将显著增加。
- **每个月提前打印习惯清单**　由于每张习惯清单涵盖整个月，所以，制作新的习惯清单将十分关键。因此，你应该提前做好准备。我们制作了一个可供你使用的模板，你可以在本书附录中找到。为了安全起见，你应当多打印一张习惯清单。这样的话，彩色记号笔用完之后（或者一开始就拖着不去购买彩色记号笔），你可能需要用上那张多打印的清单。

- **合理化**　你的大脑经常会找借口不使用习惯清单。人们最常想到的一些问题是，他们不想把自己固定在“某张桌子”上，或者担心这会限制他们的创造力。恰恰相反，我有一些客户是平面艺术家和其他类型的创造性艺术家，他们使用习惯清单帮助自己提升了创造力。由于习惯清单着重关注你个人发展的重要部分，因此你就腾出了更多的时间，有着更加平和的心态，甚至也节省了更多的精力，使你精神抖擞地从事你的创造。
- **推迟填写习惯清单**　这种方法的主要风险在于你不会定期填写习惯清单。每天把它填满，对于取得成功极其重要。如果你某天没有填好，在第一列用红点标记。如果你在一段时间内忘记了填写，那么，重要的是补上没有填写的行。如果你已经五天以上忘记了这个习惯清单，就画一条黑色的粗线，然后尽快重新开始。这和你个人愿景的想法是一样的：当与拖延症斗争时，不要拖延。

三年多来，我每天都在使用习惯清单。它教会了我早起，早上洗凉水澡，以及

习惯清单使用说明

1）提前一个月打印出来（或者可能提前两个月）。
2）确定你的习惯，设定最低目标。
3）小心不要过高估计自己——留意你的大象。
4）每天填一行。
5）如果你达到了目标，画一个绿点。
6）如果没有达到目标，画一个红点。
7）1~10分，给你多大程度发挥了潜力打分。
8）点的颜色并不十分重要，重要的是每天都把表格填满。
9）不时地读一下你的愿景，这样你就会知道你为什么要做这些事情。
10）在填写习惯清单时不要拖延！

更多贴士

+）如果你因不可控因素而不能坚持某个习惯，画一个蓝点。
+）如果有些习惯不是日常任务，用x划掉这些单元格。
+）选择一个习惯，把注意力100%集中在这个习惯的培养上整整一个月。
+）如果你发现自己忘记了填写这份清单，重新开始。

……还有一件事……买些记号笔。

锻炼身体。多亏了它，我经常对自己复述我的个人愿景，而且知道自己为什么想把每天都过得很充实。

有一次，我接受了一个为期 30 天的挑战，试着在一个月内戒酒，这是一个非常有趣的实验。戒酒后的我比以前喝酒时精力充沛得多，以前，我常常在睡觉前到我最喜欢的酒吧里喝上几杯。如今，由于从这次经历中学到了许多，所以我几乎不喝酒了。

习惯清单培养了我每天阅读和观看教育视频的习惯；这改变了我的饮食，教我安排好每天的任务。甚至可以说，如果没有习惯清单，我永远也写不完这本书，我的公司也不会存在。多亏了习惯清单，我的大象得到了前所未有的控制。

决策瘫痪

在一次咨询会议上，一家规模相对较大的公司的董事告诉我，她经常坐在办公室里，什么也不做。为什么？因为她不知道从哪里开始。她的任务太多了，仅仅其中的一项，就足以把她累垮；相反，她宁愿去给办公室的植物浇水。

我的另外一位客户的电子邮件收件箱里有 1000 多封未读邮件。他每次登录时，所有的精力仿佛都被抽干了。后来，等到他要完成其他更重要的任务并需要集中精力时，发现自己已经精疲力竭。在这两种情形中，无效和拖延都是**决策瘫痪**的恶果。

除了缺乏自我调节之外，由于可供选择的选项太多而导致的决策瘫痪，是效率和生产力低下的第二个主要原因。如果你想与拖延症斗争，需要学会如何长期应对决策瘫痪。

你每天都要做许多决策。决策真是太困难了，难到可能让你精疲力竭。和不愉快的任务一样，决策也会消耗你的认知资源，耗尽你的意志力，[60]它会使你累得没有精力做任何实际的工作。在决定做两件重要事情时（比如任务 A 或任务 B），人们倾向于要么什么都不做，要么选择去完成另外一件微不足道的任务 C。

你拥有的选择越多，而且各选择之间的差别越大，就会经历越发强烈的决策瘫痪。从 10 封邮件中选择一封，并不像从 1000 封邮件中选择一封那么艰难。选择的这个行为，在你身上（或者更确切地说，在你的大象身上）会引起同样的厌恶，就像你不得不完成一件又大又复杂的任务一样。这就是你推迟决策的原因。当你推迟决策时，也就拖延了根据这些决策而从事的相关活动。

有人对美国最大保险公司之一的客户开展了广泛研究，结果发现，退休储蓄的选择越多，实际为退休而储蓄的人就越少。[61]当人们有了更多的选择时，他们不太可能选择某个退休储蓄计划。

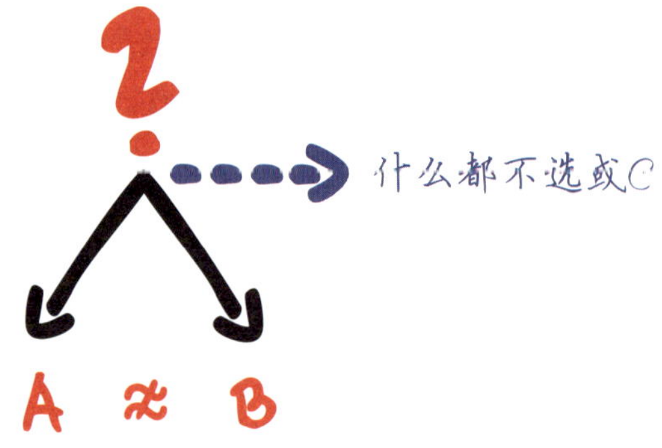

当人们必须在两个非常重要但又截然不同的选项（选项A和选项B）之间做出选择时，他们往往什么都不选，或者只关注一个微不足道的选项C。

退休储蓄计划的市场上每出现 10 个新的选项，为某个储蓄计划而投资的人数就会减少 2.0% 左右。如果出现 5 个选项，70.1% 的人能够做出决策；如果出现 15 个选项，只有 67.7% 的人能够做出决策；假如出现 35 个选项，只有 63% 的人能够做出决策，选择某个储蓄计划。尽管如此，这一市场的总体趋势是，退休储蓄计划的数量将成倍增长，由此导致的决策瘫痪，意味着许多人已经干脆不再储蓄了。

在另外一项有趣的研究中，一个由几百名医生组成的研究小组遇到了一位髋关节存在问题的病人。[62] 根据研究人员提出的设想，这位病人的医生已经对他尝试了所有可能的药物，但都无济于事，因此将把他转诊给一位专家去做整个髋关节的置换手术。

接下来，研究人员向两组医生讲述了两个不同版本的故事。在第一个版本中，研究人员告诉其中一组医生，病人之前的医生忘记给他试服**一种药物**，接着问这组医生，他们会根据这些新的信息做些什么。结果，在这种情形下，72% 的这组医生取消了转诊，转而让病人试着服用那种药物。

第二个版本与第一个版本非常相似，唯一的区别是，研究人员告诉另一组医生，病人之前的医生忘记给他试服**两种药物**。这一次，研究人员同样询问医生打算怎么办。结果，这组医生中，有 47% 的人让病人去做手术。一旦医生不得不在两种药物中做出选择，决策的过程就更加困难了。推迟决策的医生的数量增加了，病人因此不得不接受手术。

决策瘫痪研究

1.

72% 与 28%

2.

53% 与 47%

决策越是困难，你就越不可能做出决策。再增加一种可供选择的药物，大大增加了送病人去手术的医生的数量。

决策瘫痪是危险的，不仅因为它使决策困难。即使你从众多的选项中选择了一个，也会出现问题——你日后后悔自己所做决策的可能性更大。[63] 存在其他选项的事实会让你思考，如果当初你做出不同的选择，会是什么样子。考虑其他可能的选项，会使你对自己做出的决策越来越不满意；当然，若是你要选择一所大学、一份工作或者一个生活伴侣，决策瘫痪就不是一个理想的情况了。

另一项研究关注的是人们对自己的决策有多么后悔。在这个实验中，研究人员发布了一则摄影课程的广告。[64] 学生在上这门课程期间拍摄了许多照片，最后，研究人员告诉他们，可以冲洗出他们最喜欢的两张照片。

此外，研究人员还告诉学生，在两张照片洗出来后，学生只能带一张回家。对其中的一组学生，研究人员告诉他们，必须立刻从两张照片中做出选择，而且**将来也不能改变主意**。对另一组学生，研究人员告诉他们，**可以选择在将来某个时候改变他们的决定**；也就是说，将来他们可以反悔，将之前选择的那张照片退回去，把另一张带回家。研究人员测量了这两组学生对照片的满意度。

研究发现，一方面，当学生有机会改变他们的决定时，他们对自己选择的照片明显不那么满意。另一方面，那些无法改变主意的学生对自己的选择明显更满意。

这项研究的另一个部分测试了人们对未来幸福的预测能力。研究人员告诉第三组不同的学生，他们要选择自己更愿意上哪门课。在第一门课中，学生只能选择一张照片，并且不能改变他们的想法，而第二门课则为他们提供了改变想法的可能性。

由于人们都有一种给自己留条后路的倾向，因此大多数学生选择了第二门课。正如实验的第一部分显示的那样，在这次实验的最后，学生的满意度明显降低。

这项研究表明，有意识地用你的个人愿景来关闭潜力的剪刀，进而只选择那些你能够全身心投入的机会，是一个好办法。

你如何在现实生活中运用有关决策瘫痪原因的信息？你每次怎样克服决策瘫痪，以提高效率和生产力？

为了解决这个问题，你得学会有意识地减少每天需要做出的决策的数量。当你真的必须决策时，要尽可能地简化和系统化决策的流程。

什么任务最能帮助你实现你的个人愿景？在选择任务时，考虑任务与你的愿景之间的关系，总是一个好办法。使用任务管理系统也是有帮助的，它可以帮你更好地应对决策瘫痪。

大多数时间管理工具并没有将决策瘫痪考虑在内。它们利用了你一天之中必须一遍又一遍地挑选的任务列表。正因为如此，我们发明了一种名叫“今日待办事项”的方法，它将帮助你每天都做好计划，以便决策瘫痪不至于让你精疲力竭。除了**个人愿景**和**习惯清单，今日待办事项**是可以用来终结拖延的第三个关键工具。

工具：今日待办事项

我偶尔也会和一些濒临崩溃的人一同工作。某位项目经理曾向我描述他的情况：他必须要完成的任务，哪怕他整晚不睡觉也不可能完成，因为即使他把每天的时间都排满，也排不完这些任务。每次他还没来得及处理手头的任务，新的任务就出现了。这造成了他精神紧张，因此产生了巨大的心理压力，这种压力使他的睡眠习惯受到影响，随之而来的是缺乏精力，无法有效处理任务。

他告诉我，他觉得自己就像一只“屎壳郎”，在面前滚着一个越来越大的粪球。他的问题越来越多，简直要把他压垮了。

当你不处理问题的时候，这些问题有一种把你压扁的趋势。

在我与这位客户接触期间，他学会了如何使用今日待办事项的方法，这帮助他每天完成最重要和最紧急的任务。随着时间的推移，他能够限制新的任务，并且学会了如何委派那些对他来说不必要的任务。

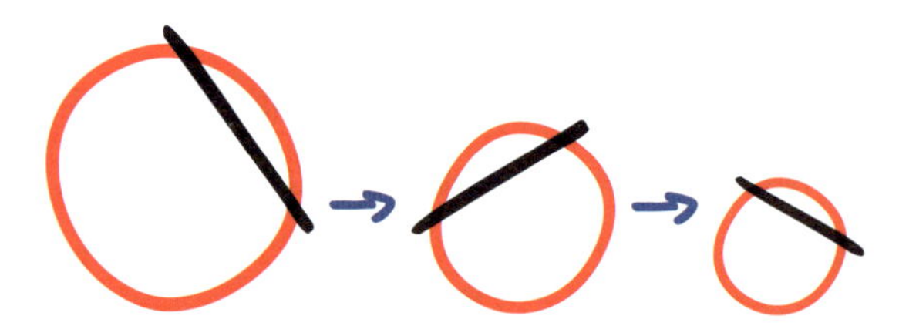

通过每天完成最重要的任务，限制新的任务，把一些任务委派给其他人，你可以开始解决你的问题。

我和这位客户首次见面交谈一个月后，他像换了个人似的来到我的办公室。他告诉我，他现在的睡眠质量好多了，每天的生活井然有序，这使他能够做三倍于以前的事情。

今日待办事项的方法可以从根本上提高你的生产力和效率。使用这种方法，将帮助你克服想要违背纪律的冲动。它还有助于你对抗决策瘫痪，并且降低大象对执行大型、复杂任务的厌恶。总的来说，这个工具不但会增大你实际着手完成任务的可能性，而且还将积极地推动你完成任务。

人们为了管理任务，经常使用各种列表、工具，甚至是综合的方法（如GTD[㊀]或ZTD[㊁]）。多年来，我们试用了一百多种工具、程序和应用软件，并选择了它们最好的一些方面，将其进行简化，同时还结合了神经科学、人类动机和有效性等领域的最新发现。我们就是这样研究出今日待办事项方法的。

我们的方法与其他方法的主要区别在于不使用列表，而是使用可视的思维导图，可以清晰而直观地显示你需要的信息。由于视觉皮层是人类大脑最发达的部分，所以这种方法对我们的大脑来说更自然。

㊀ GTD是指“搞定”（Getting Things Done），该名称出自大卫·艾伦（David Allen）的同名著作。

㊁ ZTD是指“简单做”（Zen to Done），该名称出自利奥·巴伯（Leo Babaut）的同名著作。

列表的线性排列，使得它在强调任务、优先处理的要事以及时间链接之间的关系时效率较低。列表还有其他几个缺点。人们往往将列表做得太长了，结果导致自己产生厌恶情绪，这增加了拖延的可能性。冗长的列表也会导致决策瘫痪。因此，人们往往宁愿将他们的列表隐藏起来，或者干脆不再使用列表。今日待办事项克服了列表的上述缺点。

如何增加完成的任务数量？怎样才能减少对任务的厌恶和瘫痪？你如何学会安排好你一整天的时间，从而获得更平静的感觉？

今日待办事项是一个全面的工具，可以用于日常任务管理。你可以完全采用它，也可以使用它的原则来启发和改进你业已使用的系统。（你可以在附录“今日待办事项”中进行练习。）

◎ 今日待办事项如何发挥作用

下面的 10 条指导原则将大大增加你每天能够处理的任务量。这些原则有助于你充实地度过每一天，不至于让你的大象感到害怕，不会让你陷入决策瘫痪，也不会令你在一天结束时感到身心俱疲。

- **列举你的任务**　取一张白纸，写下你想在某一天完成的所有任务。
- **为每项任务取一个具体的、令人愉快的名字**　你会更好地想象每项任务的完成都需要些什么，从而减少你对它的厌恶。例如，给某项任务贴上“调

列表并不适用于做计划。时间越长，你的厌恶情绪就会越强烈，也就越容易导致决策瘫痪。

用机制”的标签，并不会像过于抽象的“机制”那样引发同样的负面情绪。想象自己的任务，将消除你对未知和不确定性的恐惧。

- **将大型任务分解，将小型任务综合**　每项任务应当需要 30～60 分钟来完成。如果你必须做一些更复杂的事情（比如“写一本书”），总是把它分成一组更小的任务（“写两段”）。大型、复杂任务会让你的大象害怕，因此你会避开这些任务。通过分解大型任务，你将能显著减少对任务的厌恶，这样也就减小了拖延的可能性。

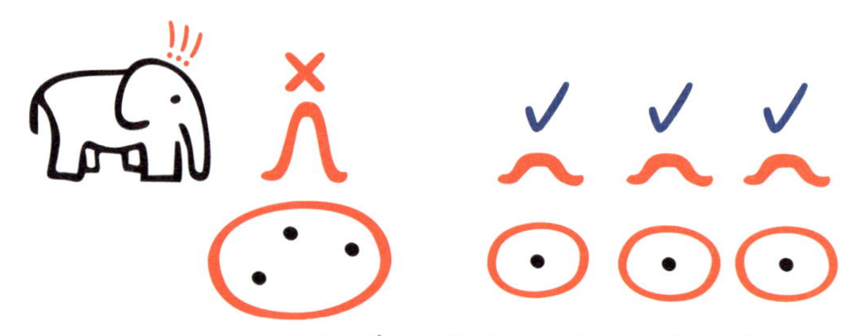

大型任务与三个小型任务

大型任务比小型任务更容易引起反感。因此，学会如何将大型任务分解成许多小型任务，是值得做的。

非常小的任务（比如“写一封电子邮件”）则应该合并到更大的任务中去（比如“写所有的电子邮件”或“写 20 封最重要的电子邮件”）。通过立即处理许多相关的任务，你就不需要频繁地在不同的活动之间转移注意力，也就不至于在一天之中打乱自己的工作流程。

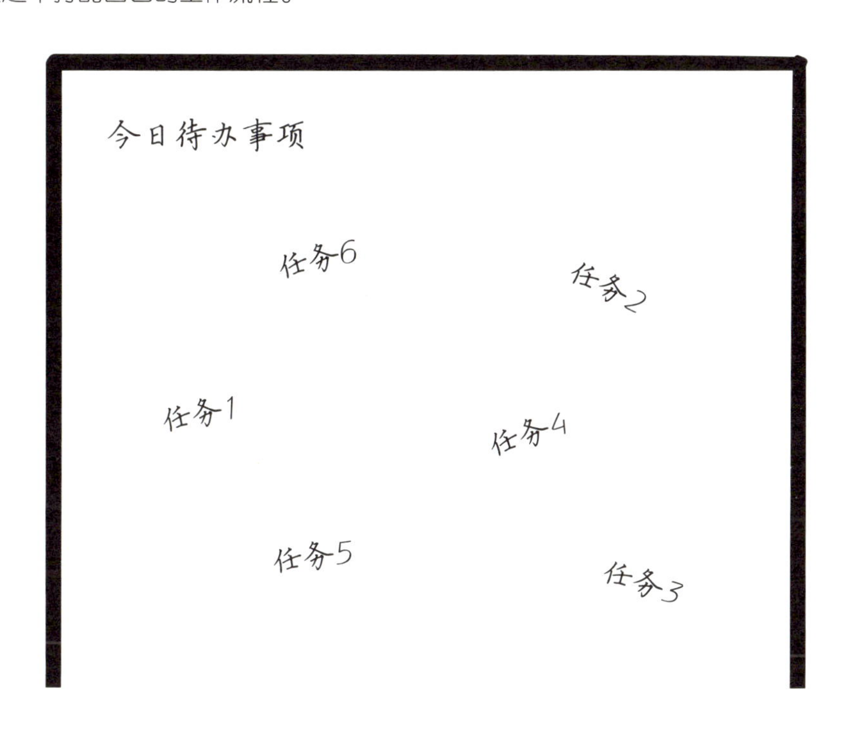

- **用颜色区分任务的优先级** 用红色的圆圈将最高优先级（最紧要）的任务圈起来（这些任务重要而紧急），用蓝色的圆圈将中等优先级的任务圈起来（这些任务重要但不紧急），然后，用绿色圆圈将最低优先级的任务圈起来（这些任务如果你不去完成，地球也不会停止转动，但是，如果你完成了，还是很不错的，这相当于一项奖励）。

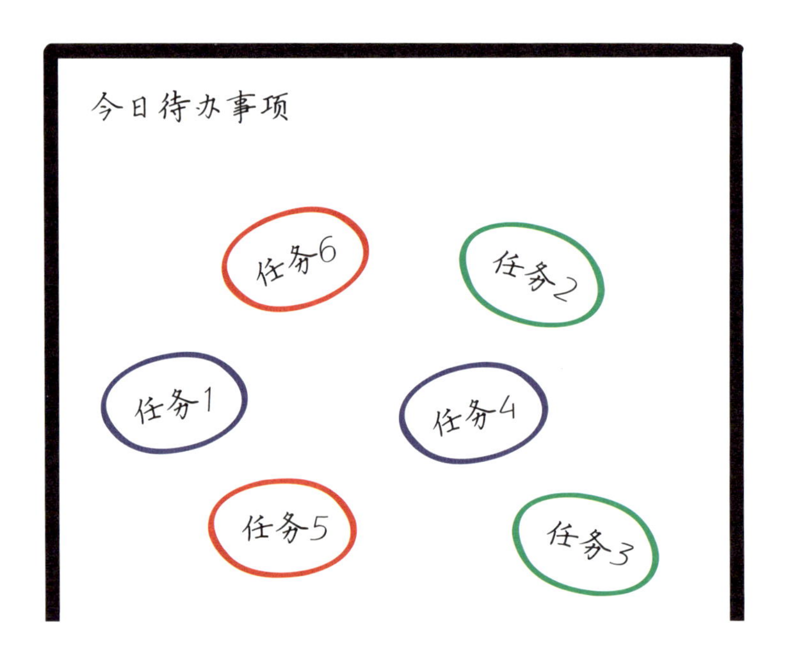

- **确定你一天的路径** 用箭头把任务连起来，你选择的路径应该遵循完成任务的最佳顺序。在一天开始时，你的认知资源还很充足的时候，首先完成最困难和最要紧的任务。接下来，采用更加常规的路径，试着去完成难度较小的任务和具有创造性的任务。你确定的“路径”，对于与决策瘫痪做斗争至关重要。确定了路径之后，你不必在一天之中再花时间思考你应该做什么。

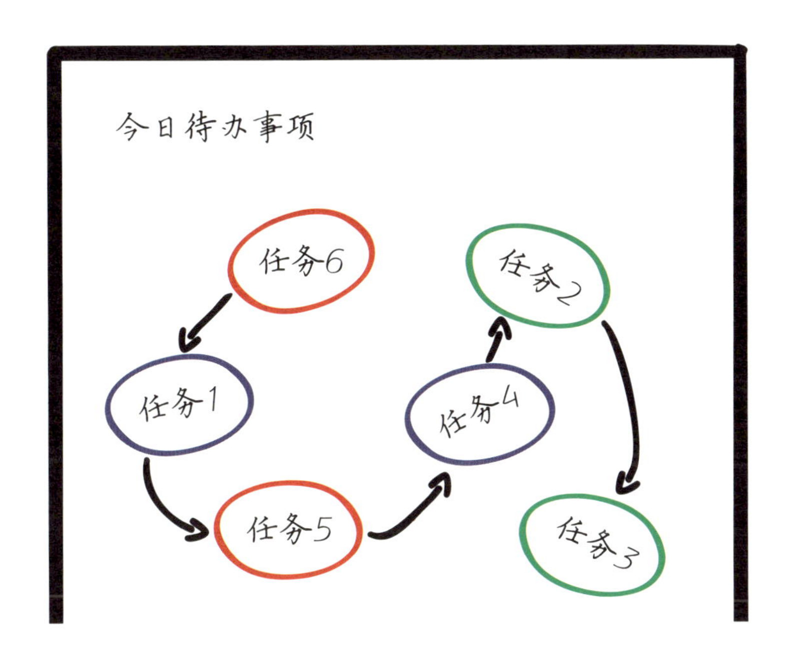

- **估算时间** 尝试为每项任务安排特定的时间，定义你什么时候开始工作，什么时候想要完成它。你应当坚持按照这些时间安排工作，好比和某人有个重要的约会那样。起初，你对时间的估算并不准确，但随着经验的积累，估计会越来越精准。通过确定开始某项活动的确切时间，你就已经增大了自己真正着手完成这项任务的概率。毕竟，正如人们所说："开始行动是成功的一半。"

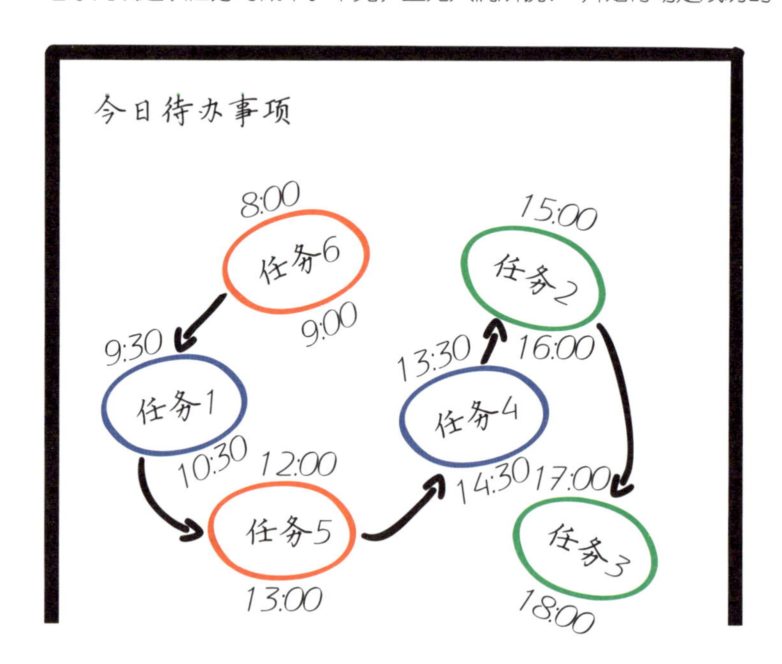

- **只专注于一件事** 只要你开始做某项任务，就一心一意完成它。你可以关掉电子邮件通知，关闭手机，或者让同事不要打扰你。清理你的工作区域，以便减少分心。通过专注于一项任务，你会更容易找到自己的心流状态，而且，得益于你已经创造的平和心态，再没有什么会搅扰这种心流状态了。
- **学会何时停止** 一旦你完成了某项任务，划掉它，象征性地结束它。有些人不仅在开始任务的时候有问题，而且在结束任务的时候也有问题。当你第一次把今日待办事项全部划掉时，你就会明白，结束任务这一步有多么重要。
- **补充认知资源** 在各项任务之间安排短暂的休息，以恢复精力。只要完成了某项任务，你就可以做一些能够恢复你的意志力肌肉的事情。绕着街区走一小段路，或者去一趟公园。喝些新鲜的果汁，或者吃片水果来增加你的血糖，让大脑休息一下。如果你一直在完成某项创造性的任务，那就做一些需要动手的事情。你的休息可能只持续几分钟，但有助于保持专注，恢复精力，并能让较好的状态一直持续到晚上。不要只在你觉得有必要休息的时候才休息。作为一项预防措施，每天都要有规律地休息。
- **养成制订今日待办事项的习惯** 如果你每天晚上都能准备好第二天的待办事项，那就再好不过了。你会发现，当你知道第二天的计划都已安排妥当时，你的睡眠质量会有多好。你也可以把制订今日待办事项作为早晨的第一件事来做。今日待办事项上的最后一项可以是“为明天准备今日待办事项”

或者“填写习惯清单”。或者，你甚至可以把今日待办事项列入你的习惯清单，这样就能确保你不会忘记。

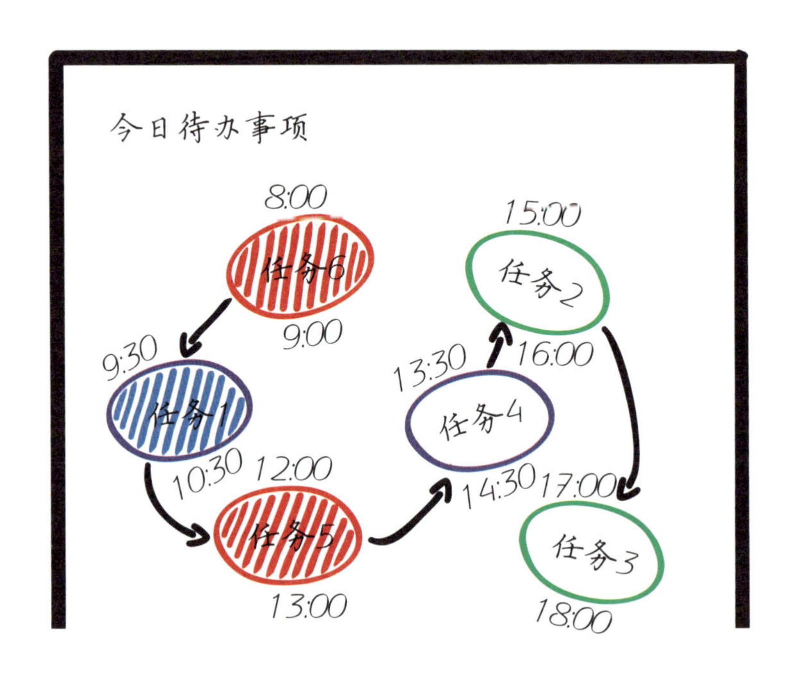

◎ 今日待办事项的延伸应用

- **早晨起床的第一件事** 因为你的认知资源在早晨时最为充足，所以我们建议你，将今日待办事项中的第一件事安排为最重要（也许是最难完成）的事。一旦完成了这件事，相比之下，你当天所做的其他事就会变得简单了。
- **所有待办事项系统** 你可以单独使用今日待办事项方法，也可以将它用作我们称为的“所有待办事项系统”的一部分。这个系统更大、更全面，本书的下一章将对此进行详细介绍。
- **两种路径** 如果你的某些任务要求你等待其他人完成，或者你要处理一些意想不到的任务，我们建议你在今日待办事项上标记两条独立的路径。第二条路径不必包含确切的时间，你可以根据情况处理每项任务。因此，如果你无法沿着第一条路径完成任务，例如，你得等别人，那你将有一个B计划。

◎ 今日待办事项的方法为什么管用

- **既具体又简单** 就像你的习惯清单和个人愿景一样，今日待办事项也是写在纸上的。为了克服拖延症，你使用的方法越简单越好。因此，今日待办事项的方法去掉了所有不必要的元素，不必要的复杂会引人厌恶。正如安东尼·德·

圣埃克苏佩里（Antoine de Saint-Exupéry）曾经说过的那样："达到完美，不是因为没有什么可以添加的，而是因为没有什么可以带走的。"

- **视觉化的解决办法**　通过对优先事项用颜色加以区分，你只需瞟一眼，就会知道这一天等着你去做的事情是什么。视觉化的解决办法将消除决策瘫痪。如果把今日待办事项的图放在桌子上，你将会知道自己应该做什么、什么时候做，所有这些，只要看一眼就行了。

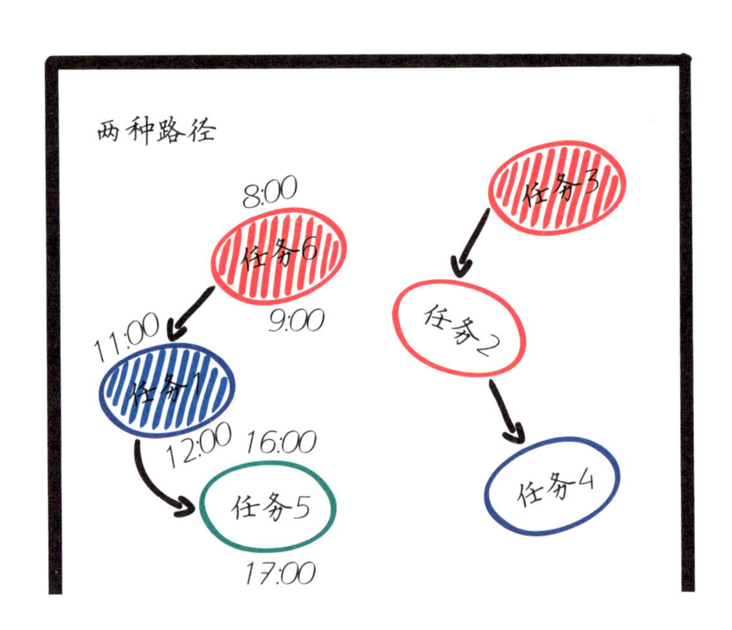

- **清空大脑** 把任务写在纸上，有助于减轻大脑的负担。在你的工作记忆中，你可以有六种思维。[65] 如果工作记忆的空间全部被任务占据了，你就无法运用脑力来有效地工作和创造性地思考。

◎ 潜在的风险

- **高估你的能力** 你刚刚开始使用今日待办事项的方法时，应当每天只完成四五件任务。少安排些任务并且真正去做，胜过安排更多任务却根本不管理它们。随着时间的推移，你终将找出最适合自己的任务量。
- **错误估计时间** 在安排任务时，你一定要留出额外的时间。如果你提前完成了某项任务，休息一下，然后提前开始下一项任务。如果你比预期的时间晚些完成某项任务，同样也要在开始下一项任务之前休息一下。你可能一开始无法准确地确定每项任务需要多少时间。不用担心，你获得的经验越多，时间安排就会做得越好。
- **新的任务** 如果一天中出现了一项紧急任务，你可以立即处理（类似于有什么东西着火了，就把火扑灭），也可以在你的今日待办事项图上另外再画一条路径。在最坏的情况下，你可以制作一份新的今日待办事项。这只需要几分钟时间就可以使你在接下来的一天中更有效率。

今日待办事项的使用说明

1）拿一张纸，写下你当天想完成的所有任务。
2）给每项任务起一个清晰而令人愉快的名字。
3）将大型任务分解成小型任务，将小型任务综合成大型任务。
4）用颜色区分任务的优先级。
5）按照你想做的顺序把任务连接起来。
6）设定你想开始和结束每项任务的时间。
7）一旦你开始某项活动，就不要再关注其他事情。
8）一旦你结束了某项任务，就把它划掉。
9）在完成了上一项任务之后，即将着手完成下一项任务之间，先休息一下，以恢复你的认知资源。
10）养成每天都画出今日待办事项思维导图的习惯！！！

更多贴士

+）把最不愉快的任务放在早上做。
+）你可以使用今日待办事项作为全面的所有待办事项的一部分。
+）可以创建两条路径，如果在某条路径上卡住了，就用另一条。
+）……以防万一，将今日待办事项方法的使用添加到你的习惯清单上。

工具：所有待办事项

“系统”这个词有时候可能让人们望而生畏。一位经理曾向我承认，他从来没有计划过任何事情。他告诉我，他总是等到问题“着火了”才把火去扑灭。他的公司显然正在遭受这种做法的影响。公司没有发展前景，也无法与日益壮大的竞争对手竞争。他抱怨说，他的生意最初的成功只是运气使然，他不知道如何才能让公司再次发展。

根据我的经验，如果你不希望将成功建立在运气的基础上，那么你需要一个可靠的系统。在理想情况下，这样的系统应当是简单的、广泛适用的和稳定的。我想和大家分享一下我们的系统，一个我们已经使用了几年的系统，我们称之为**所有待办事项系统**。

上文介绍的今日待办事项方法可以单独使用，也可以与其他工具结合使用：待办事项、想法、日历，等等。当这些工具一起使用时，就创造了一个全面的时间管理系统：所有待办事项系统。这个系统虽然适用范围很广，但仍然是极度简化的。由于简单，它十分有益于初学者甚至是大型项目的管理者对抗拖延症。

这个系统的基础，即第一部分是今日待办事项图，这种图有助于你为每一天制订一个计划。今日待办事项在一张纸上直观地显示当前的所有任务、任务的优先级、时间以及决定你应该以何种顺序完成这些任务的路径。

这个系统的第二部分是**待办事项**图，它包含的任务不是按一天的顺序排列的。这个工具好比一间仓库，存放着将来要完成的所有任务。例如，它可能包含与长期项目相关的任务或正在等待某些东西的任务。待办事项图看起来和今日待办事项十分相似，唯一的区别是它可能由好几张纸组成，而且包含的任务不需要用箭头连接，时间和优先级也不必标明。

这个系统的第三部分是一个名为**想法**的图。它包含了你的想法，也就是那些你不想忘记但同时又不属于你今天将做的或要做的事情。想法图非常适合在某个节点记下所有重要的想法，这样你就不必不断地“重新发现”它们了。想法图在外观上与待办事项图非常相似，也可能由几张纸组成。

这个系统的第四部分是一本经典的日历，它只包含有时间限制的任务，比如约会和其他计划好的事件。

◎ 所有待办事项系统如何发挥作用

每天只需花几分钟，你便可建立并且运行你的所有待办事项系统：

- **准备**　不论你什么时候着手制订新的今日待办事项，都应当从你的待办事项、想法或日历中选择你想在接下来的一天里完成的任务。你手头的已经转入今日待办事项中的所有任务，都应从原来的纸上划掉。因此，在这个系统中，每项任务应当只在一个地方显示。

- **执行** 随着逐项完成今日待办事项上的任务，你要把已经完成的任务划掉。如果没能完成所有的任务，你要把未完成的任务转移到待办事项图中，或者将其添加到第二天的今日待办事项中。

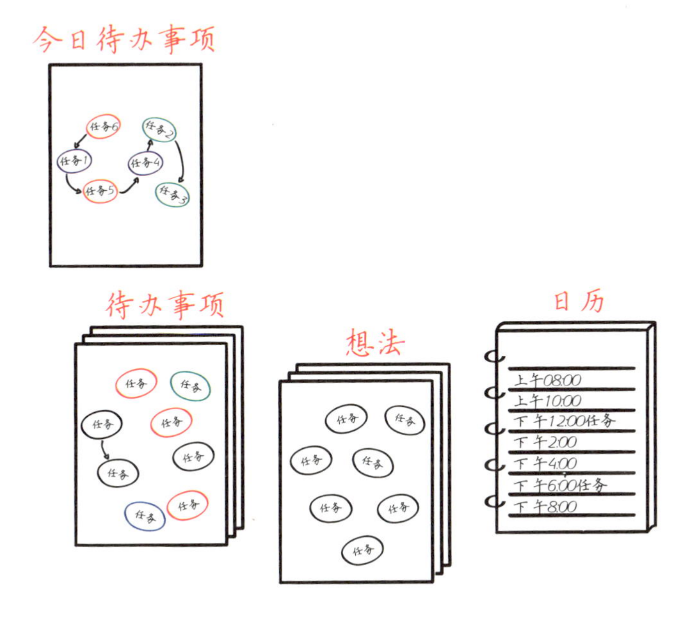

- **文件夹** 把画有今日待办事项、待办事项和想法的所有纸张都放进一个透明的文件夹，是有益之举。今日待办事项应当总是放在最上面。这样一来，即使你的待办事项中充斥着几十甚至上百项任务，你最先看到的也只是最近的任务。这将有助于减少你的总体厌恶感——你会发现，你最近要做的事情，只是你应该要做的所有事情中的一小部分，而且是可以接受的一部分。

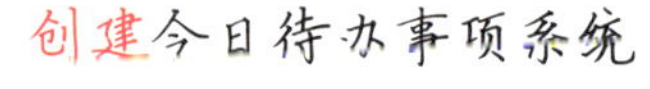

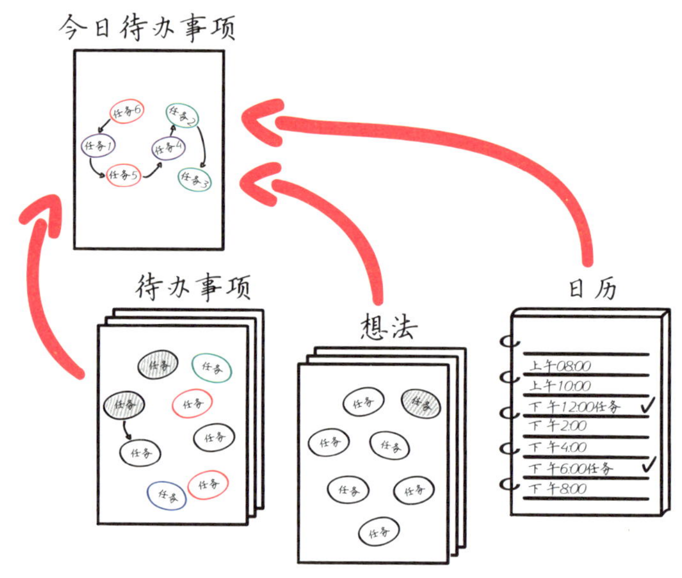

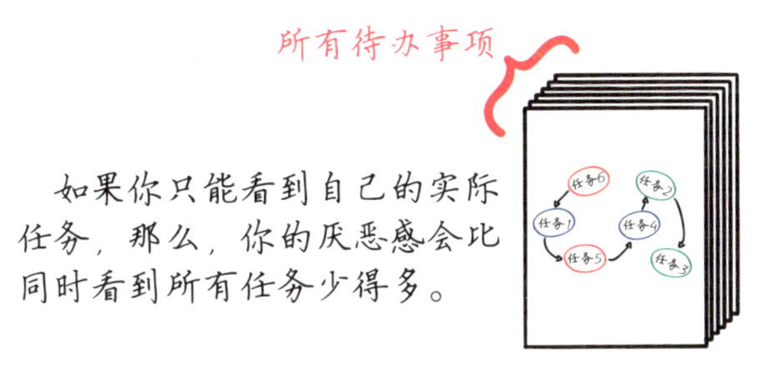

◎ 如何处理新任务

如果某天突然冒出一项新任务，你可以用以下几种方法来处理：

- **立即处理**　如果一项新任务非常重要（假如什么东西着火了），那么你必须立即处理（把火扑灭）。你还应当立即处理任何你能很快完成的任务，比如在一分钟内。
- **将其加入你的今日待办事项**　如果任务是十分紧急和重要的，以至于你必须在今天处理它，那你就把它添加到你的今日待办事项图中。
- **将其加入你的待办事项**　如果任务不需要你在今日完成，那你就将它添加到你的待办事项图中，并且将来留意它。
- **将其写入你的日历**　如果任务是已经安排好的（比如参加一次会议），你就把它写进日历。

- **将其添加到你的想法图中**　另一种选择是，有些任务并不那么重要，但你仍然希望不要忘记它们，那就在你的想法图上记下这些任务。
- **委派**　对于每项新任务，你应当考虑是不是适合将其委派给别人。
- **放弃**　有时候，如果某项任务不属于这些类别中的任何一种，你可以毫不后悔地把它扔进“垃圾桶”。说“不”的艺术是有助于长期心理健康的一项重要技能。

◎ 对所有待办事项系统的改进方法

- **截止日期**　有时候，给待办事项思维导图上的某些任务设定一个截止日期是个好主意。正如你应当在今日待办事项思维导图上写下计划完成任务的时间一样，你也应该在待办事项图上标明计划完成这些任务的日期。

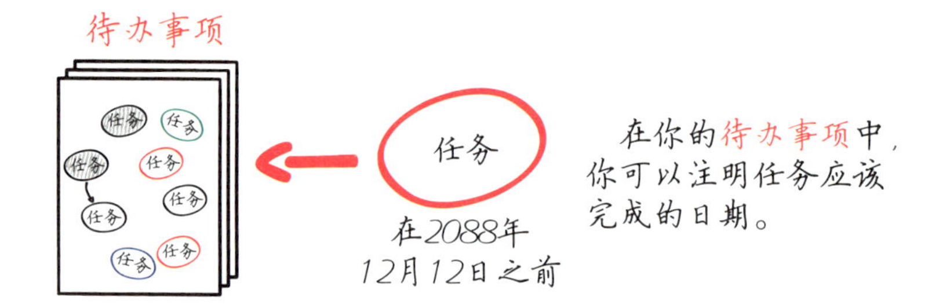

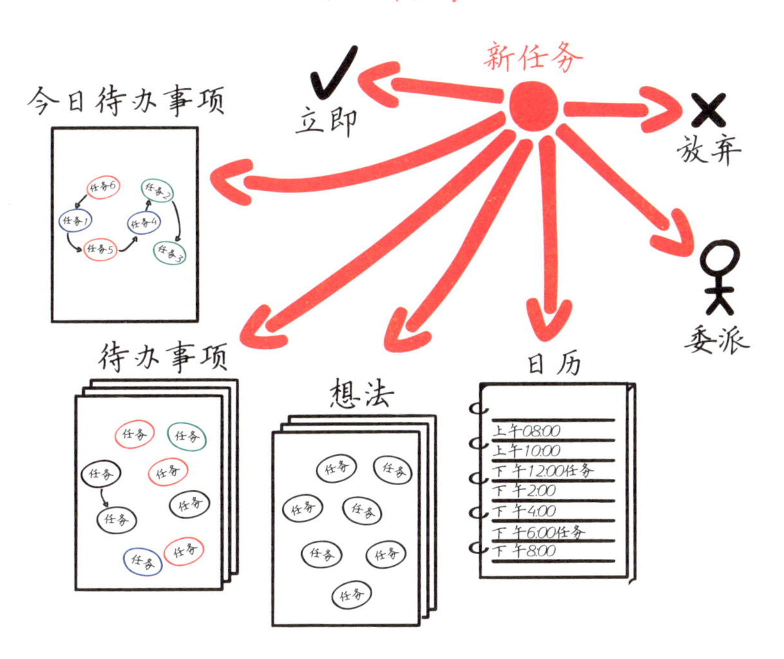
处理新任务
新任务
立即
放弃
委派
今日待办事项
任务6
任务2
任务1
任务4
任务5
任务3
待办事项
任务
想法
日历
上午08:00
上午10:00
下午12:00任务
下午2:00
下午4:00
下午6:00任务
下午8:00

- **管理其他人的任务**　如果你管理着其他人，最好有另外一个我们称之为管理的任务库。你管理的任务也和待办事项图一样，可以写在一张或几张纸上。然而，这些并不是你要负责完成的任务，而是你分配给别人的任务。在每一项这样的任务上面，你可以写下负责这项任务的人的名字，同时标明完成的截止日期。这个工具有助于你追踪观察已经委派给别人的所有任务。

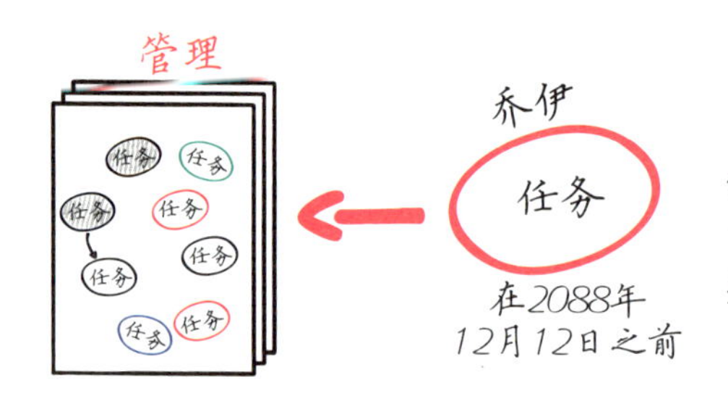

管理图包含你已经委派给其他人的所有任务。你可以写下截止日期和负责这项任务的人的名字。

◎ 所有待办事项系统为什么能管用

- **它是有形的和具体的**　由于所有待办事项系统在本质上是有形的和视觉化的，因此，它产生持久效果的可能性显著增加。
- **所有事情一目了然**　如果你把所有任务都放在一个整齐有序的文件夹里，就会产生一种安全感，知道自己不会遗漏任何一项任务。如此一来，你将成为一个更可靠的人。

- **简单**　该系统的最简化版本仅包含一本日历和三张纸（一张是今日待办事项图，一张是待办事项图，一张是想法图）。它已经简单得不能再简单了，并且只要其所有部分一同发挥作用，你就可以用来创建一个时间管理系统，这样的系统甚至适用于大型项目。

◎ 潜在的风险

- **无序和杂乱**　使用这个系统的主要风险（除了把记号笔或纸张用完了，或者是整个文件夹找不到了）是各种纸张让人陷入一片混乱。因此，我们建议只将与所有待办事项系统相关的纸张放入文件夹；时不时地检查一下你的系统，并且把没用的清理掉，也是个好主意；再次想一想每项任务的归属。这样做，有助于你恢复内心的平和。

现在，你已经掌握了有效对抗拖延症的三个主要工具。**个人愿景**将给你实现愿景提供动机；**习惯清单**将帮助你控制自己的大象，增强意志力肌肉；**今日待办事项**（单独使用或者作为所有待办事项系统的一部分使用）有助于你摆脱决策瘫痪，使你每天都向前迈进。你的生产力和效率会显著提高。为使这些工具尽可能地发挥作用，你需要学习另外一项关键技能：知道如何迈出舒适区……

大众的舒适区：罪恶的温床

我在报纸上读到，最有名的心理学家之一菲利普·津巴多教授（Philip Zimbardo）要来我们镇上了，他的研究和著作曾经极大地鼓舞了我们的工作。我一听说他要来，就知道我得和他见个面。我和同事克服了最初的不快情绪，写信给他，约他见面。

我们通过克服自我，在不知不觉中做了一件事，到最后，我们在和津巴多教授的见面交谈中谈到了这件事。我们从他那里获得了一些十分基本的信息，即使是这么基本的信息，也激励着我极大地改进了自己的个人愿景。原来，津巴多教会我们如何成为一名**日常的英雄**。

坏人的脑子里想的是什么？如果你是一名狱警，你会怎么做？为什么有些人行为邪恶，有些人却表现得像英雄？菲利普·津巴多终其一生都在寻找这些问题的答案。他的研究表明，原本善良的人会受到周围环境的影响做出很坏的事情。不管我们谈论的是某个家庭中的父亲，某个笃信宗教的人，还是一位原本正直的公民。

在津巴多开展的著名的**斯坦福监狱实验**中，他选择了一组志愿者，然后从他们当中挑出最普通、最健康的人。在一个模拟的地下室监狱里，他让一半学生扮演狱警，另一半学生扮演囚犯。[66]研究发现，发生在这个模拟监狱里的事情十分残酷，扮演囚犯的实验参与者受到羞辱和心理虐待，并且遭受可怕且经过深思熟虑的惩罚。结果，实验不得不提前停止。

作为一名心理学家，津巴多还处理过**阿布格莱布监狱**虐囚案。在伊拉克这座真正的监狱里，伊拉克人是囚犯，美国士兵是狱警，狱警对囚犯也实施了极端残忍的暴行。然而，由于阿布格莱布监狱发生的事情不是一个受控的实验，因此并没有在几天后结束。在这座监狱里，邪恶势力在很长一段时间内都肆无忌惮。[67]

是什么让人们在这些局面下变得邪恶？津巴多的研究表明了从众心理的影响有多大。[68]人们会因为别人在做某件事情而去做这件事。他们不愿意面对社会压力和不舒服的感觉，假如他们离开人群，这些感觉就会出现。

因此，在通常情况下，人们本身并不邪恶，他们只是无法摆脱或者违逆邪恶的人群。正如阿尔伯特·爱因斯坦（Albert Einstein）所说的那样："世界不会被那些作恶的人毁灭，而是被那些袖手旁观的人毁灭。"

羊群效应是一些无家可归的人仍然无家可归的原因。他们担心，如果他们设法找份工作，那些无家可归的同伴会将他们视为叛徒。

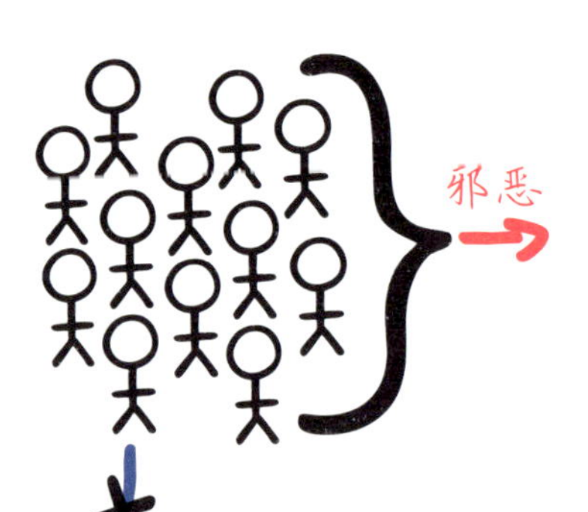

人并非生来邪恶。邪恶的行为是他们没有勇气摆脱邪恶人群的一个次级后果。

对许多人而言，抛弃人群令他们很不愉快，以至于他们不离不弃地跟随人群到任何地方，哪怕直接走向地狱。有时候，只要权威人士做点什么，群体就会跟随。那些无法摆脱群体的人们就会成为邪恶的帮凶。哲学家埃德蒙·伯克（Edmund Burke）在谈到成为群体中消极一员的风险时曾这样说："邪恶胜利的唯一的必要条件是好人什么都不做。"

为什么每隔一段时间就会出现某个人设法脱离群体，指控群体的缺陷呢？怎么会有些人看到车祸时就会停车下来提供帮助，而有些人只是开车路过呢？脱离群体，就是在展示津巴多所说的英雄主义的能力。

在斯坦福监狱的实验中，津巴多的同事中出现了一位英雄。当实验失控并迫使津巴多停止时，她从人群中走了出来。顺便说一下，这个女人后来成了津巴多的妻子。

在阿布格莱布监狱，一位年轻的士兵成了英雄，尽管冒着种种风险，他还是设法从人群中逃了出来，报告了监狱里发生的事情。

在我们和津巴多的见面交谈中，他向我们解释，每个人都可以逐渐培养自己的英雄主义。他的研究表明，英雄不是天生的，而是随着时间的推移而培养的。[69]

工具：英雄主义

虽然“英雄主义”这个词通常用于描述非凡的行为，但是，用它来描述一种你每天都可以使用的技能，也是恰当的。跳上地铁救人的勇气和克服拖延症的能力，都建立在同一个基础上。两者都是一种有意识地迈出自己舒适区的技能，只是水平各不相同而已。

我们每个人都有自己的舒适区。这些“区”可以是身体上的（比如让人早上不想起床的温暖的被窝），也可以是社交上的（比如成为某个人群中的一员，和其他人做同样的事情）。

为了实现你的个人愿景，大多数你要做的重要事情都不在你的舒适区之内，而是在其边界之外，位于“非舒适区”。正如阿尔伯特·爱因斯坦所说的那样：“随波逐流者通常不会走得比人群更远。特立独行者可能会发现自己来到了从未有人到过的地方。”

如果想早上起床，你需要伸手关掉闹钟，然后从床上坐起来；如果想帮助一个遭遇事故的人，你需要停车，下车，开始行动；如果想了解一个人，你要做的第一件事就是开始一段对话；如果想拥有自己的公司，你需要能够安排商务会议；如果想活得有意义并且最为充实，你需要知道如何停止拖延。

由于享乐适应的效应，你将习惯任何舒适区。即使你躺在全世界最舒服的床上，懒散地享受了几天之后，这种享受的感觉也会消失。因此，走出舒适区是迈向幸福的重要一步。如果你学会了战胜自己，大脑的奖励中心会更频繁地被激活，释放更多的多巴胺。[70]

英雄主义

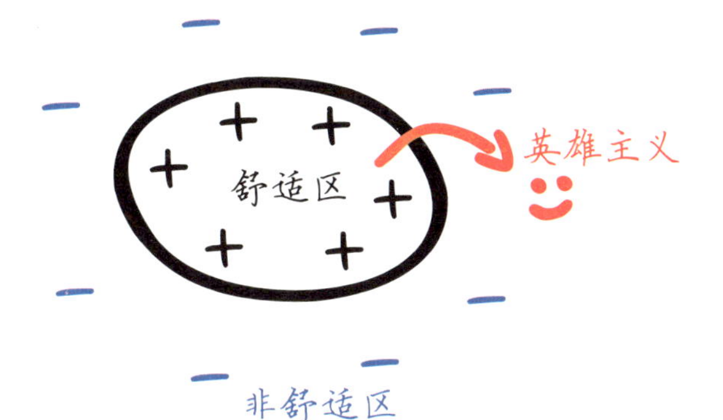

英雄主义是你离开舒适区能力的表现。如果你成功做到这一点，大脑就会释放多巴胺作为奖励。

学会当一名英雄，是增强纪律的又一个关键。英雄主义就是我们所说的小习惯。习惯和小习惯的区别在于，习惯指的是你每天做一次的事情，而小习惯则是你应该时刻记在脑子里的事情。你越是有能力成为英雄，就越不会拖延，因此能够更好地实现你的个人愿景。

◎ 怎么训练自己变得更有英雄气概

我和津巴多在交谈时，他拿起我的一支记号笔，在自己额头上画了一个大黑点。他想向我们展示一种训练英雄主义的简单方法。他说，如果你整天都带着额头上的黑点走来走去、坐公交、逛商场、与人聊天，那么人们会用奇怪的眼神看着你，当你习惯了人们奇怪的目光后，就会慢慢地不再烦恼。你将习惯与众不同，特立独行，不愉快的社交压力将会慢慢减少。你会习惯走出自己的社交舒适区，学会从人群中脱颖而出。津巴多向我们解释说，英雄总是有点**离经叛道**的。

以津巴多这种方法训练出来的英雄不会受到周围人的过度影响。他能够从人群中脱颖而出，成为第一个采取行动的人。英雄之所以具有与众不同的能力，是因为他们训练自己适应这种与众不同的感觉。这类人很可能在遇到事故时停下来帮助伤者，而其他人都只是随大流开车路过。

在没有人看着的时候行善，就是真正的英雄主义。在有路可退的时候，大多数人都会患上拖延症。为了战胜拖延症，你得学会如何在自己面前成为一个英雄。英雄之所以说“我们的性格就体现在我们在没有人注意的时候所做的事情之中”，是有原因的。

因为英雄主义是一种小习惯，所以时刻铭记于心是件好事。甚至可以说，让走出舒适区变成一件令人激情澎湃的事，也是个好主意。

怎么才能这样做呢？只要你有机会，就努力走出舒适区，给自己下命令，然后照着做。从在公车上与坐在你旁边的陌生人交谈开始吧。即使你不想做什么特别的事情，也要在特定的情况下着手做让你感到最不愉快的事情。

一旦你有机会成为英雄，抓住这样的机会，并且遵循武士的三秒钟规则，[71]在五次心跳内采取行动。如果你开始想得太多，大脑就会倾向于想出合理的理由来证明为什么你应该继续待在舒适区之中。

你可以用“今日待办事项”中介绍的“早晨的第一件事”的方法，将自己训练成日常的英雄。如果你每天早上的第一项任务是最不吸引人的，那么这将会鼓励你一整天都像英雄那么去做。例如，我正在练习做一个早上的英雄，起床之后马上去锻炼，然后洗个冷水澡，这些都令我感到不舒服。

彼得·路德维格和菲利普·津巴多

津巴多的
英雄主义
的黑点

在你逐渐培养了英雄主义的技能后，你在生活中实际采取的重要行动的数量就会增加。为了让自己过得很充实，成为英雄是最重要的先决条件之一。菲利普·津巴多总结道：“你的生活的核心可以归结为两种行动，即已采取的和未采取的。”

英雄主义是本书包含的第四个重要工具。它和**个人愿景**、**习惯清单和所有待办事项系统**一道，创建了一组相互关联的方法来对抗拖延症。

下面是这些工具如何发挥协同作用的一个例子：个人愿景告诉你，应当在习惯清单上包含什么样的习惯，以及在今日待办事项中包含哪种任务。习惯清单可以包括“阅读我的愿景”或者“制订今日待办事项”。今日待办事项中的最后一项可能是填写你的习惯清单。最后，英雄主义增大了充分利用其他方法的可能性。

1.个人愿景
时间的价值
基于过程的内在动机
2.习惯清单
训练大象
培养习惯
3.所有待办事项
决策瘫痪
时间管理
4.英雄主义
舒适区

本章回顾：纪律

拖延症的主要原因是无法自我调节。所谓自我调节，指的是给自己下达命令并遵守命令的技能。

无法服从命令的根源在于，你的负责理性的新皮质（**骑手**）经常发出命令，而你的负责情绪的更老、更强大的边缘系统（**大象**）不听从。

自我调节有赖于你的认知资源，你的想象的意志力肌肉，它表达了骑手当前的精力。你可以在一天中补充这些资源，也可以增强其耐力。

为了**补充**认知资源，你应当在一天中有规律地休息：散步五分钟、吃些水果或者喝杯新鲜果汁。为了**强化**这些资源，你需要逐渐学习新的习惯。

习惯清单这个工具可以让你每天都坚持自己的习惯，同时改掉坏习惯。使用改善方法是很重要的：小步骤带来大改变。

决策瘫痪，加上缺乏自我调节，是你认知资源的主要消耗因素。你在一天之中被迫做出决策的次数越少，完成任务的精力就会越多。

今日待办事项将帮助你计划好每一天的任务，标记任务的优先级、截止时间以及你完成任务的顺序。它将有助于你在一天中大大减少决策瘫痪的出现频率。

所有待办事项系统是今日待办事项的扩展版本，并且前者还包括其他一些有用的工具，如待办事项、想法和日历。它们共同创造了一个集成的任务与时间管理系统。

通过培养英雄主义的小习惯，你可以学会走出身体和社交上的舒适区。如果你能离开自己的舒适区，你活得充实的可能性就会增大。

纪律是一项总体技能，它能帮助你采取措施实现个人愿景。因此，纪律与拖延是相对的。

在这里，你可以再次评估自己的纪律和相关工具的使用情况。我建议定期重新评估。你会发现，你对**习惯清单**、**所有待办事项系统**和**英雄主义**的使用的评价越高，你的纪律就会越强。

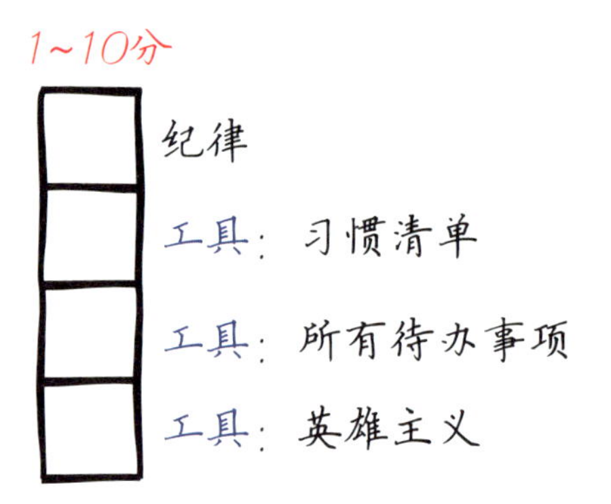

第3章

结　果

如何找到并留住幸福感

有一次，我在咖啡馆遇到了一位老同事。那时，他刚刚从阑尾切除术中恢复过来，向我吐露说，他的情绪已经跌到了谷底。他告诉我："一切都毫无意义。我打算辞职，到别的地方去找个行政工作。"最后我们达成一致，认为我们应该再次见面，在冷静地讨论所有问题之后，再做出决策，不论这些决策是什么。我有自己的猜测。所有的迹象都表明，我的这位同事遇到了一只相当糟糕的仓鼠。

也许我们都曾在某个时候想过幸福的秘诀。对享乐适应的研究表明，幸福的关键不在于任何物质财富或目标，而在于过程，也就是实现个人愿景的过程。[72] 如果你每天都做自己擅长的、有意义的事情，就会进入心流状态。心流有助于你更经常地收获理想的结果，无论是情感上还是物质上的结果。

一方面，这些活动刺激了大脑的奖励中心，之后奖励中心会释放多巴胺——这是情绪的结果。另一方面，一旦你达到了既定的里程碑，并且能够看到工作的实际成果，你就会取得实质性的结果。

尽管你可能每天都在朝着实现你的梦想迈进，但有的时候，一些事情会打乱你的计划，让你突然之间不开心。消极的外部影响、失败以及对过去不愉快经历的重新体验，是使人们偏离正轨的最常见因素。有时候，人们仅仅因为大脑中的化学变化，在没有明显外部原因的情况下，就变得不快乐了。[73] 如果你长时间不做那些让你进入心流状态的事情，就可能发现自己偏离了正轨。

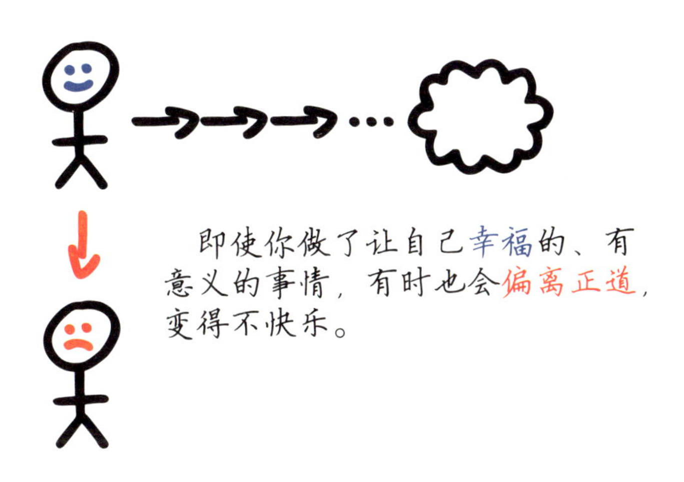

我开始怀疑，我那位偏离正轨的同事之所以不开心，就是因为缺乏心流状态。在相当长的一段时间里，他一个人躺在家里，不再为客户提供咨询和培训，

也不和其他人待在一起。由于他原本是个非常喜欢社交的人，这使他在感情上十分消沉。在我们谈话几天后，他脸上又恢复了笑容。是什么使他重新开始的呢？

在本章中，首先，你将学习内置开关的技巧，这种工具有助于你将消极情绪转变为积极情绪，甚至可以帮助你克服抑郁、回归快乐的工具。其次，我们在本章中介绍的另一个工具（流程图）将帮助你拥有持久的幸福感。最后，我们介绍的是仓鼠－重启按钮，如果有什么东西让你偏离了正轨，它能帮你重启你的整个个人发展系统。

使用本章包含的工具，你将在情绪上变得更加平衡，并且能够更有效地发挥自己的潜力。瞧，人越是幸福，便越少拖延。

消极情绪从何而来

杏仁核是人类大脑最古老的部分之一，它在我们感知到的一切事物中寻找危险。[74]数十万年前，当我们的祖先听到草原上的草“沙沙”作响时，正是杏仁核评估潜在的风险，并且以强烈的消极情绪的形式发出警报，于是他们开始逃跑。杏仁核是一个早期的预警探测器，其主要功能之一是增大我们的生存可能性。[75]

就生存而言，如果你的杏仁核犯了错，并且发出了错误的警报，其实没什么大不了的。如果没能对真实存在的危险做出反应，则是一个严重得多的问题。如果我们的史前祖先根据错误的警示信号而逃跑了，和他对食肉动物的攻击完全没有反应相比，前者对他的生存当然更有利一些。

为了使我们的大脑不至于忽视潜在的危险，杏仁核的功能已经进化成更倾向于强调可能的风险。[76] 今天，我们大脑的这一特点被媒体利用了。你在报纸上读到的和在电视上看到的大多数新闻之所以都是负面的，是因为杏仁核对潜在风险的反应更强烈，负面新闻可以吸引你更多的注意力。

今天，由于我们的杏仁核不断受到轰击，许多人被大量的负面信息淹没。他们的大脑逐渐被训练成主要关注负面新闻，而忽略正面新闻。他们逐渐成为“有学问的悲观主义者”，因此渐渐地变得越来越不快乐。

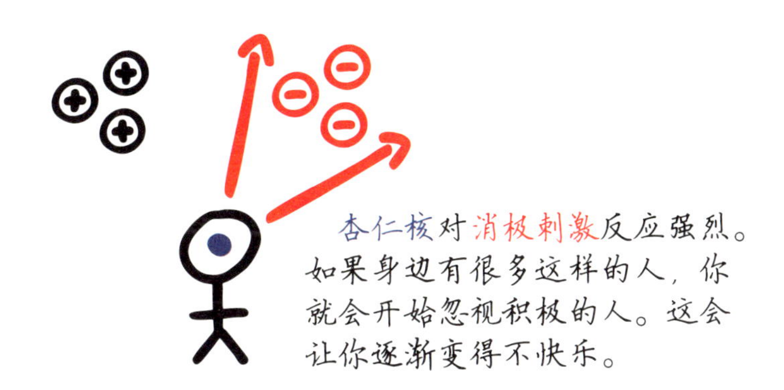

消极的人往往不经意地把他们的情绪传播给周围的人。你只要看看周五晚上某间普通的酒吧就知道了。你会听到人们齐声抱怨人人都是小偷，什么都不管用，一切都很糟糕。[1]

由于杏仁核的功能，消极情绪比积极情绪更具社会传染性，前者很容易在人与人之间传播。随着消极情绪传播到越来越多的人身上，最终会影响到最初传播它的人。结果是形成了一个反馈闭环，消极情绪甚至被强化了。

---

[1] 有时我怀疑有些人表达个人观点就是基于抱怨。由于这些人已经精通于自己的消极性，也许他们在抱怨的过程中还能进入心流状态。但是，抱怨本身并不能解决问题，而只会让情况变得更糟。

虽然我们很可能生活在历史上最富足的时期（对于在我们之前曾生活在地球上的1000多亿人[77]来说，我们现在拥有的饮用水、可获得的医疗保健、教育和技术，从来都不是那么确定的事情。尽管我们的世界并不完美，也有它的问题，但与历史上的其他时期相比，我们在许多方面都比过去好得多。），但由于消极情绪可能具有极强的传染性，以至于有些人会陷入担忧的海洋，并相信一切都是错的。集体的悲观主义使他们容易成为习得性无助的受害者，而习得性无助往往是导致抑郁症的原因。[78]

怎样抵抗消极情绪的传染呢？怎样才能避免习得性无助的闭环呢？如何更好地利用当今世界的优势？你能采取哪些措施，不仅让自己变得幸福，还能使自己一直拥有这种幸福感呢？

首先，你将发现习得性无助的闭环如何产生的，然后学会克服习得性无助。为了解决这个问题，你必须有意识地将注意力从消极刺激转向积极刺激。

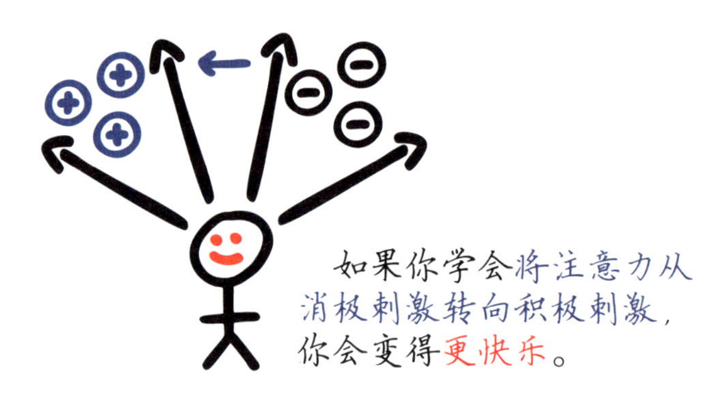

◎ 习得性无助的闭环

马丁·塞利格曼（Martin Seligman）的研究表明，仅仅几个消极刺激，就能让你相信一切都是糟糕的，而你对此无能为力。[79] 由于这种确信，一种无助的感觉可能压倒你，导致你抑郁，在生活中萌生百无聊赖的感觉。

在一个实验中，他们把一只啮齿动物放进一个盒子里（想象一下，这是一只仓鼠），然后在盒子上方加一个透明的盖子。[80] 仓鼠想方设法要逃出去。第一天，它先蹦了几下，接着又蹦几下，但无法跳出盒子，而是不停地撞到透明的盖子。第二天，仓鼠发现自己逃跑的努力白费了，于是克制了自己的这种强烈渴望。

第一天，这只仓鼠跳了很多次，但一直撞在透明的盖子上。第二天，它跳的次数少了一点儿。

几天后，仓鼠就完全放弃了。研究人员随后揭开盖子，现在，即使盒子上方已经没有盖子了，但仓鼠再也没有想方设法跳出来。经历了几次失败后，它开始相信自己没有成功的可能。尽管情况发生了变化（盖子被移除了），仓鼠仍然相信自己的处境是不可避免的。这只仓鼠所处的状态被称为**习得性无助**，这也是我们人类会遇到的情形。

不快乐的情绪和“我做不到”的感觉，是处于无助状态的典型表现。为了更好地说明这一点，我们将把这种状态称为**仓鼠**。因此，当我们在本书里提到某人“**有一只仓鼠**”或者“**遇到了一只仓鼠**”时，你就应该清楚他所处的境况了。如果你想在生活中更快乐，要学会发现并且摆脱仓鼠。

另外一个习得性无助的例子，你可以在大象农场观察到，注意，这次我说的是真正的大象。在这些农场，人们通常用一根很细的绳子将这些巨型动物绑在一起。只要大象愿意，它能够轻而易举地挣脱绳子。但是，这头大象从小就被同一根绳子拴着。小象试图挣脱，却无法挣断绳子。在几次失败后，它开始相信逃跑是不可能的。在长成了大象之后，它开始相信自己无能为力，于是放弃了尝试。尽管它的体型和力量都在增长，但它仍然认为自己不可能挣断绳子。用我们的术语来说：“大象遇到了一只仓鼠。”

几天后，透明的盖子被取下了，然而仓鼠不再试图逃跑。它陷入了一种习得性无助的状态。

当大象很小的时候，它就相信自己永远挣不断绳子。等到它长大了，它甚至再也没有试着挣脱。

拖延症可以部分归因于仓鼠。虚度光阴，无所事事，常常让你感到内疚。内疚则会让你怀疑自己。怀疑会降低你的自信水平，让你感到无助。结果，你又什么都没做，继续无所事事。这个循环不断地重复。你遇到了一只“拖延症仓鼠”。

像仓鼠那样被困住，长期处于抑郁状态，是无济于事的。也许没有人自愿进入这种状态。因此，你应该时不时地问问自己，盒子上想象的透明盖子是不是打开了，是不是又要蹦几下，尝试着跳出去了。

你怎么知道自己有一只仓鼠呢?

你很冷漠，什么都不想做；你缺乏能量，认知资源被耗尽；你不相信自己，并且用消极的眼光看待一切；你甚至怀疑那些你最近才相信的事情；你认为自己的处境没有希望；你经常拖延；有时候，你甚至想向仓鼠屈服，并且顾影自怜。

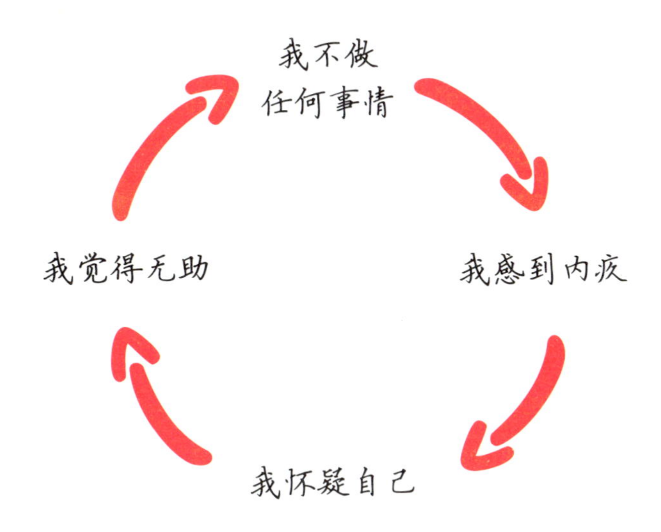
拖延症仓鼠闭环
我不做
任何事情
我感到内疚
我怀疑自己
我觉得无助

如果你正处于这种不愉快的情绪中，那么是时候给你的问题起个名字并承认它了："是的，我有一只仓鼠。"给问题起个名字，是摆脱问题的第一步。

◎ 怎么像个老兵那样与仓鼠做斗争

想知道如何战胜仓鼠，你可以从一群美国退伍老兵身上找到灵感。这些人的抑郁症患病率甚至自杀率都很高。尽管如此，夏威夷心理协会（Hawaii Psychological Association）的治疗师还是找到了帮助他们的方法。[81] 你可以用这些治疗师发明的方法来对付你的仓鼠。

菲利普·津巴多的研究表明，人类大脑在不同的时间视角下工作。[82] 这些视角，或者我们称为的"导向"，决定了你花多少时间思考未来、现在、过去的消极和积极方面。所以，人们可以分为未来导向、现在导向、过去消极导向和过去积极导向。

老兵采用什么样的时间视角？由于他们战时的经历，他们主要关注的是消极的过去。他们大多数人都深信自己已接近生命的尽头，因此，对他们而言，几乎不存在任何的未来导向。用通俗点的话来讲，他们没有"向前看"。

我们的大脑在四种不同的时间视角或导向下工作：过去积极导向、过去消极导向、现在导向和未来导向。

有着这种心态的人很容易遇到仓鼠。由于他们很少关注过去积极的事情，所以不相信自己，同时，由于他们很少关注未来，所以缺乏内在动机。他们的大脑在浪费能量，深深怀疑并思考过去的负面经历。这会引起不愉快的感觉，产生新的不好的记忆，这反过来只会强化他们过去的消极导向。这是一个漫长的螺旋式的下降。

研究人员是如何帮助退伍老兵治疗抑郁症的？

第一步是帮助他们**增强未来导向**，也就是让他们更多地向前看。研究人员提醒他们关注时间的价值，并问他们想把时间花在什么事情上。这点燃了他们个人理想的火花：在令人无助的隧道尽头，出现了一丝曙光。一些退伍老兵决定写回忆录，另一些退伍老兵则认为给年轻人讲课是有意义之举。

仅仅增加内在动机和增强未来导向，还是不够的。如果这些刚刚受到激励的退伍老兵在现实中碰壁，只会给自己的生活增加又一种消极体验，基本上相当于在喂养他们的仓鼠。因此，研究人员有必要帮助他们**应对消极的过去**，教他们从**消极的过去转向积极的过去**。

那么，下一步是什么呢？研究人员引导退伍老兵认识到，虽然他们的经历十分可怕，但这将使他们能够见证战争，可能有助于降低未来发生战争的可能性。研究人员帮助他们从更积极的角度看待他们经历过的最糟糕的事情。

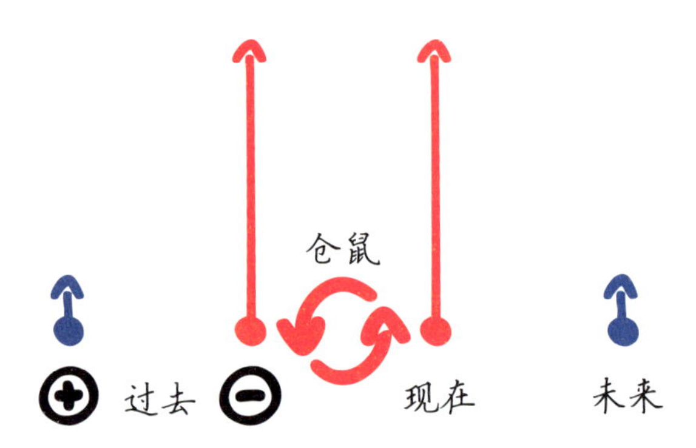

那些对未来和过去持有消极导向的人，以及对现在和过去持有消极导向的人，更容易被仓鼠打败。

如果你能增强自己的未来导向，同时又能把消极看成积极，那么，结果就是我们在第 1 章已经讨论过的。这样就形成了一个与仓鼠完全相反的反馈闭环，**心流状态**将会出现。

要怎样才能变得更加以未来为导向？关键是致力于发展内在动机，提醒自己要有个人愿景。如果你更多地“向前看”，你的大脑就会倾向于更加生动地去想象未来的模样。

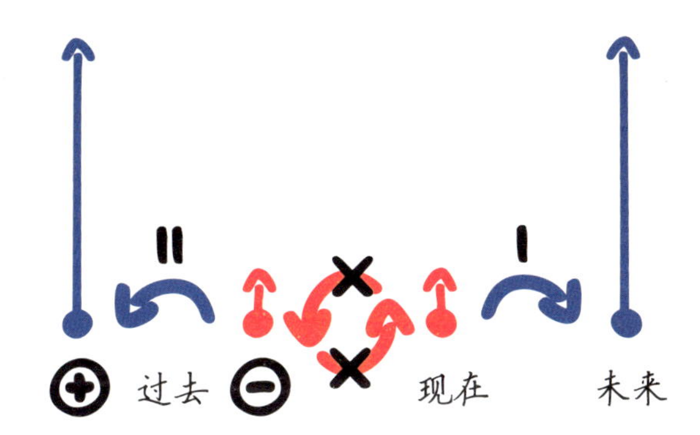

你可以采用以下两种方式摆脱仓鼠的闭环：

（1）变得更加以未来为导向。

（2）将过去消极导向转变成过去积极导向。

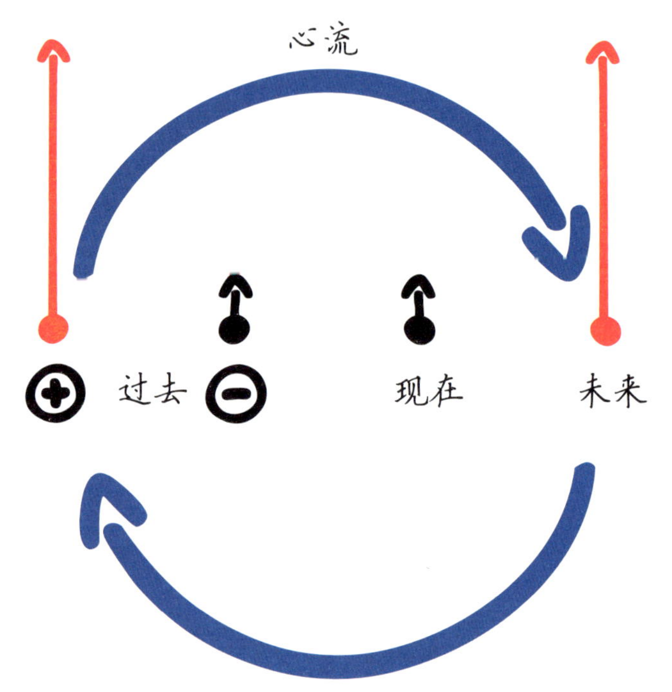

在未来导向和过去积极导向之间产生了心流反馈闭环。

积极的心流闭环

我做有意义
的事情

我相信自己

我产生了
良好的感觉

我的技能
得到了提升

如何改变看待过去的方式？怎样才能更好地应对失败？怎么学会更积极地对待消极的事情？我们把将消极的东西变成积极的东西的方法叫作**内置开关**法。

工具：内置开关

维克多·弗兰克尔（Viktor Frankl）是 20 世纪下半叶最著名的精神病学家。他在取得这一成就之前，生活极其艰难。由于他的犹太血统，他被纳粹放逐到奥斯威辛集中营。他是少数几个在这个恐怖的地方幸存下来的人之一。后来，他的这一经历对他的心理治疗生涯产生了重大影响。

弗兰克尔在他的著作中描述，即使是在集中营，也有人想方设法保留希望，保持情绪上的平衡。[83] 基于这些经验，他后来成了这样一种理念的先驱：**人们对周围的刺激，可以有一种自由的响应**。根据该理念的描述，在刺激和对刺激的响

应之间，是存在一个空间的，我们可以有意识地选择刺激将会怎样影响我们。这一理念成为内置开关技能的基础。

你的**内置开关**将帮助你有意识地将消极刺激转换成中性的甚至积极刺激。如果你学会了如何玩好这个在内心进行的游戏，消极刺激将不再自动引发消极情绪反应。尽管你无法影响生活中的许多事件，但通过调节你的内置开关，你可以选择这些刺激将会对你产生怎样的影响。

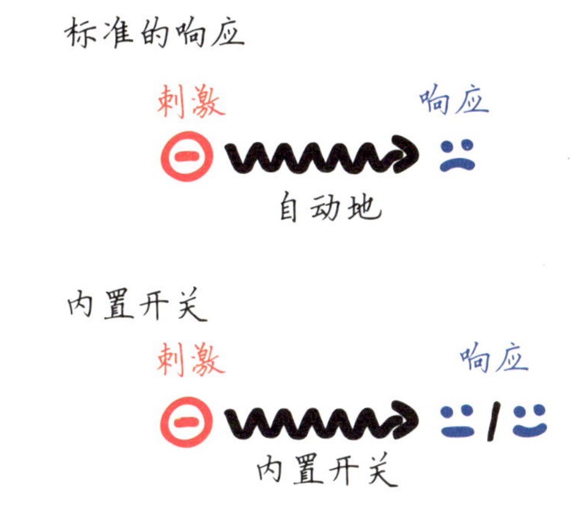

就像英雄主义一样，你的内置开关也是一个**小习惯**。它应当一直存在于你的脑海中，你可以通过训练来改进这一习惯。

使用这种方法有三个步骤：首先，**改变你对失败的看法**；然后，**战胜命运的打击**；最后，**把消极的过去变成积极的过去**。

◎ 掌控你的失败

IBM 前首席执行官托马斯·J. 沃森（Thomas J. Watson）曾说："如果你想成功，就让失败率增加一倍。"然而，许多人认为他们的失败是坏事。失败会触发消极情绪、打击自信，并引发无助感。这可能使他们遇上仓鼠。

想象一位吸烟者正试图戒烟。他坚持了 10 天不抽烟，但失败了，最后点燃了一支烟。他不但没有因为 10 天不吸烟而自我感觉良好，也没有意识到下一次会做得更好，相反，消极的想法和怀疑压倒了他。他开始认为自己不具备成功的条件，也许永远戒不了烟。一只仓鼠就这样诞生了。

想象一个年轻人在公共汽车上遇到了他的梦中情人。他一路上都看着她，鼓起勇气和她说话，最后在下车时终于对她说：“嗨，能告诉我你的电话号码吗?”女孩皱着眉头回答说：“不能。”如果这个年轻人只把这次经历看成消极的，他就会开始怀疑自己，这增大了他将来失败的可能性。

再想象一下，如果一个月后，这个年轻人发现自己又面临类似的处境：一辆不同的公交车，一个不同的女孩。他又一次试图和那个女孩说话，这一次，他的声音更紧张了。不幸的是，他又一次遭到拒绝。这几次失败，使他确信自己在追女孩方面永远不会成功；也许他再也不会试图去接近女孩子了。他可能遇到了一只约会的仓鼠。

为什么人们认为失败是坏事?怎样才能学会不产生负面情绪?如何才能避开失败的仓鼠?

我们成长的文化教导我们，失败是不好的。当一个小孩摸到燃烧着的炉子，烧伤了自己的手时，他父母很可能对他大喊大叫；或者，当某个学生的成绩不好时，他很可能体验到社交的压力，成为全班的笑料。有些人甚至认为，那些失败的人之所以失败好像是因为有什么不好的事情发生在他们身上（因此就产生了“失败者”的可耻标签）。

学会用相反的观点看待失败是至关重要的。我们可以把失败看成是未来成功的必要因素。但这些不是空洞的话吗?我们为什么需要失败?

首先，每当你在某件事上失败时，你就进入了学习区。[84] 在这种状态下，你的大脑有能力学习新的东西，而如果换在别的状态下，你可能永远也学不会。多亏了这一点，你以后应对类似情况的机会就增加了。

其次，尽管失败了，但尝试总是有益的。这意味着你离开了自己的舒适区，并且预先形成了一种小小的英雄主义行为。就像我祖父曾经说过的："哪怕是你直接扑倒在地了，也是向前迈出了一步。"

正因为如此，我们需要正视这样一个事实：失败是实现个人愿景的每一次过程中的一部分。你要学会战胜失败，避免消极情绪，并且时不时地期待失败。你将在学习区之中学习新的技能。重要的是，总是尽你所能做到最好，不要过多考虑结果。

为了应对失败，意识到下面这几点是有益的：

（1）你可以调节你的内置开关，你有选择的自由。

（2）失败将你推到了学习区中。

（3）你已经尝试过了向前看的英雄主义。

（4）结果并不重要，尽自己最大的努力才重要。

我们前面介绍的吸烟者应该感到高兴，他保持了整整 10 天不吸烟，知道下一次他将坚持至少 11 天。同样是前面介绍的公交车上的年轻人应该为他自己的努力感到自豪，应当相信，他从失败中获得的经验，将有助于他下次遇到女孩时表现得更好。

失败使你调节内置开关。记住，失败带来的感受完全取决于你自己。你有选择回应的自由。当你失败时，告诉自己："现在，我有自由了。我可以调节内置开关来选择这次失败会对我产生怎样的影响。"你越是经常提醒自己调节内置开关，就越能更好地应对失败。

◎ 战胜命运的打击

在人生的某个时刻，命运很可能出乎意料地向你的头上砸来一块砖头，这种可能性是一定存在的。如果这发生在你身上，那么你要用一种不同的方式来使用自己的内置开关，相信"成功并不意味着你永远不会跌倒，而是意味着你知道怎样在跌倒后迅速爬起来"的理念。

极度不愉快的经历会引发抑郁症和**创伤后应激综合征**（或者，用我们的术语来说就是"超级仓鼠"）。然而，对一些人来说，个人悲剧可能成为他们在生活中前进的动力。这就是所谓的**创伤后成长**。[85] 不管你是屈服于创伤后的压力，还是

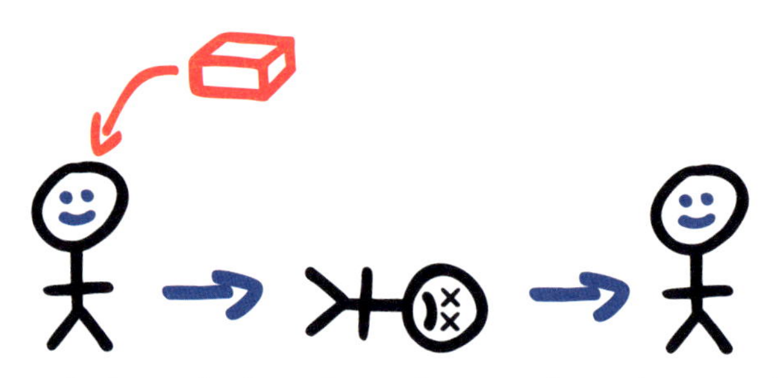

当命运给你当头一棒时，你要学会调节内置开关，并尽快站起来。

经历创伤后成长，这再次取决于你——这是一种更高水平地应用你的内置开关的能力；不管你是屈服于压力还是经历成长，都取决于你——这完全是在更高层次上，更好地掌控你内心的斗争。

当命运的打击给你留下一只仓鼠时，你应该尽快摆脱它。你越快掸去身上的灰尘站起来，就能越发迅速地重新开始充实的生活。

兰迪·波许（Randy Pausch）给了我很大的启发。这位美国教授发现自己得了癌症，而且到了晚期。医生告诉他，他只能活大约六个月了。兰迪非但没有变得沮丧，反而开始尽情享受他剩下的半年时光。他发表了题为“最后一课”的演讲，总结了自己的一生（数百万人在网上观看了他的演讲），然后写了一本书，并且和家人一起度过余生的时光。[86]

兰迪·波许的故事提醒我，我们在生活中面临的大多数问题，都不是真正的问题。他对生活的态度告诉我，即使命运在你头上扔下了有史以来最大的一块砖头，也不意味着你就得放弃生活。

很可能在你人生的某个时刻，命运会给你一两次打击。为了使自己做好准备，你应当练习用内置开关来战胜不那么严重的障碍。通过训练，假如确实发生了严重的事情，你也增大了让自己至少有一些心理准备的可能性。正如兰迪·波许所说："砖墙是用来阻止别人的。"

◎ 从消极的过去切换到积极的过去

我们很难评估过去的事情是"好"还是"坏"。从某种角度来说，我们在生活中经历的一切都很重要；我们的经历形成了我们的个性，造就了今天的我们。当我们回顾某件事情并说它不好时，往往只是体现了我们对这件事情的态度。然而，我们可以通过调节内置开关来改变对过去事件的态度。这样做，有助于我们发现关于过去的积极的事情。回想一下退役老兵以及他们如何应对战争的恐怖。弗兰克尔曾这样说过："只要某人能够理解某件'坏事'的意义，他就已经做好了准备并且愿意承担任何的痛苦。"

我的一位客户在很小的时候就离开了家，以逃避家庭中糟糕的人际关系。每每想到这一点，她就很快遇上一只仓鼠。在和她的一次见面交谈中，我问她这件事是如何推动她前行的，以及这件事对她有什么好处。

她慢慢地意识到，也许由于她的独立，她开创了自己的事业，并且对人际关系以及自身的发展产生了兴趣。最后，她得出的结论是，她曾经认为是自己一生中最糟糕的事情，给了她一条重要的学习经验。一旦她处理好了自己的过去，就能改变自己对过去的态度，打破仓鼠的闭环。

仓鼠有两种。第一种你可以应对；第二种你无能为力。

想象一下你在一丛荆棘的深处。有的荆棘你可以折断，它们便不再刺你了；其他的由于太粗壮了，你无法折断，不过，你可以将它们弄得钝一些，使它们不会刺伤你，只是刺痛你，推动你前行。就像一些尖刺可以折断，而另一些可以弄钝一样，有的仓鼠你可以对付，而另一些就需要你尽快处理。

怎样才能让你的仓鼠安静下来？怎么能把刺弄钝呢？拿一张纸，试试下面我们称为仓鼠单的附加方法。

一次解决所有的问题，并不是最好的主意。正因为如此，慢慢地对付仓鼠是值得做的，一次对付一只。问问你自己，你怎样从每只仓鼠身上受益，它是如何推动你前进的，将这些写下来。一旦你让仓鼠变得迟钝，就可以在一周左右的时间里回到你的仓鼠单上，然后再对付下一只仓鼠。

正如养成新的习惯那样，你也应当在这里使用改善的方法：通过采取一些小的步骤，你便能够做出持续的大的改变。

荆棘

（1）你可以处理的问题：

你可以将它暂停

（2）你不能处理的问题：

你可以将尖刺弄钝

你能想办法去解决的问题，你应该尽快解决，好比将荆棘折断。

你无能为力去解决的问题，你应该将其弱化，直到它们不再影响你，好比将刺弄钝。

内置开关

仓鼠的名字	我从这只仓鼠身上得到了什么好处？它是如何推动我前进的？

一旦你开始使用仓鼠单，你会发现，过去的仓鼠对你产生的负面影响会逐渐消失。

下面我们将描述流程图，它将使你变得更加积极地看待过去，帮助你避开新的仓鼠，并且使你的情感更加稳定。

工具：心流表

马丁·塞利格曼曾应对美军的高自杀率和抑郁症。他对 50 万名士兵的大规模研究表明，可以采用一组方法帮助人们获得持久的幸福。[87] 运用了这组方法半年后，士兵的自杀率和抑郁率显著降低。那么，关键是什么呢？

这一称之为心流表的工具就是引自塞利格曼的研究。这一工具基于写下每天发生在你身上的三件好事。然后，在这些事情的旁边，1～10 给你那天的幸福程度打分（1 代表不幸福，10 代表你能想象的最大幸福，5 代表居中）。这个简单的工具将帮助你变得更加以积极的过去为导向，这不但有助于你战胜仓鼠和抑郁症，还会对你的幸福产生长期的影响。

和习惯清单相类似，你也应当每天仔细填写心流表。这种方法只需几分钟，但仅仅过了一个月后，你就会觉得自己的生活更幸福了。[88]

到底应该怎样使用这个工具？每天晚上坐下来，写下你一天中经历的最好的

心流表

	I	II	III	☺ 1~10分
1.				
2.				
3.				
⋮				

心流表涵盖一个月，每一行等于一天，每一列包含那天发生在你身上的三件好事中的一件。在最后一列中给自己的幸福程度打分，分值1~10。

三件事。如果没有什么大事，也没关系，写下你觉得感恩的小事情。试着用几句话来描述，这样的话，以后你就能回忆起它们，这就像你在度假时拍照片来提醒自己经历的事情一样。

有时候，你经历的三件好事可能不会马上浮现在你的脑海。别担心，这是过程的一部分，不停地想。通过这样做，你的大脑将学会如何从消极的过去转向积极的过去。

丹尼尔·卡尼曼（Daniel Kahneman）的研究表明，人们倾向于根据当前的情绪来判断自己的整个人生。[89]当感觉良好时，他们会认为自己的整个过去都是积极的；相反，当现在不幸福时，人们往往用消极的眼光看待他们的整个人生。

心流表将帮助你避免这种情况。只要愿意，你随时都可以看一遍你的心流表。这给了你清晰的反馈——关于你以前的幸福的真相。这也有助于你回忆过去愉快的经历，帮助改善你现在的心情。

我们为你创建了一个心流表的模板，你可以从本书附录中找到。你甚至可以把填写心流表的习惯添加到习惯清单中的一列。（你也可以在附录“心流表”中进行练习。）

工具：仓鼠－重启

仓鼠迟早会出现在你的生活中，只是时间早晚的问题。心情不好并不是件坏事，它会给你一个比较，让你更珍惜你的幸福日子。然而，整天和仓鼠待在一起，并不是件好事，因此，你需要尽快学会摆脱它。我们称这种方法为仓鼠－重启：

- 首先，你需要**认清**自己所处的境况，并给它起个**名字**，“是的。我有一只仓鼠”。
- 为了对抗仓鼠，**补充认知资源**。做一些运动，喝杯新鲜果汁，吃些水果，或者散步五分钟。如果你真的觉得自己没有精力，那就去无忧无虑地睡个午觉吧。
- 了解你的敌人。**提醒自己仓鼠是怎么影响你的**。当仓鼠接管了一切时，一切似乎都毫无意义，你充满怀疑，感到无能为力，“整个人都不好了”，这些是很正常的。
- **意识到你必须从自己开始**。你能否摆脱仓鼠，主要取决于你自己。将你周围的世界合理化并且加以指责，是不好的。正如约翰·惠特默（John Whitmore）在他的书中写道的那样：“我们都愿意相信问题出在别人身上。这让我们觉得自己的行为是正确的，我们自己无法改变任何事情。”事实上，在通常情况下，你要对自己的幸福或者不幸福负责。

- 将消极的东西转换成积极的东西，**使用你的内置开关**。
- **变得更加以未来为导向**。别忘了时间的价值和你的个人愿景。提醒自己为什么和仓鼠待在一起是不理智的，并且思考为什么你要活得充实。
- **变得更加以积极的过去为导向**。仓鼠喜欢消极地打滚。它们的眼睛上有眼罩，挡住了积极的信息，提醒自己这一点。回顾一下你的个人成就清单和心流表。
- **打破仓鼠的循环**。按下想象中的红色“仓鼠－重启按钮”，把坏心情关在门外。记住这句话：“成功并不意味着你永远不会跌倒，而是意味着你知道怎样在跌倒后迅速爬起来。”
- **准备好新的今日待办事项，计划好你要做的事情**。包含那些有助于你达到心流状态的活动。
- **练习英雄主义**，离开你的舒适区，继续前进，开始做你今天要做的事情。你会发现，在几分钟后，你的仓鼠就消失了。

仓鼠-重启

使用说明

(1) 意识到你有一只仓鼠。
(2) 休息一下，补充认知资源。
(3) 提醒自己，记住仓鼠是怎么做的。
(4) 认识到，你能否摆脱仓鼠，很大程度上取决于自己。
(5) 调节你的内置开关，将消极的转变成积极的。
(6) 变得更加以未来为导向：提醒自己记得你的个人愿景和时间的价值。
(7) 变得更加以积极的过去为导向：回顾你的心流表和个人成就清单。
(8) 按下“仓鼠-重启按钮”，开始新的更好的生活。
(9) 准备今日待办事项。
(10) 练习英雄主义，着手完成你的第一项任务。

个人成长与个人衰退

生活不会逐渐地改变，而往往是发生跳跃式的改变。这受到两个反馈回路的影响。

一方面，这里存在一个**积极的心流闭环**。你越是成功，就会越幸福，因此越是相信自己和你的个人愿景。释放出来的更多的多巴胺会让你更富有创造力，从而帮助你更有效地学习。你最终会更加成功。

另一方面，这里也存在一个**消极的仓鼠闭环**。你失败了，不再相信自己，怀疑自己和生命的意义。由于释放的多巴胺水平低，你缺乏创造力，无法很好地学习，缺乏自信，并且陷入决策瘫痪和拖延。

许多人在这两个闭环之间波动，没有被卷入其中。只有当你越过**引爆点**时，其中的一个闭环才会被激活。

本书的目的是给人们提供他们需要的工具，以帮助创建和维护一个积极的心流闭环。因此，所有这些工具都巧妙地相互关联：

- **个人愿景**会增强你的内在动机，让你更加以未来为导向，让你记得时间的价值。
- **习惯清单**会提升你的认知能力，驯服你的大象。

- **所有待办事项**系统将帮助你使任务井然有序，并让你更好地安排时间。
- **英雄主义**将教你走出你的舒适区。
- **心流表**使你更加以积极的过去为导向。
- **内置开关**将帮助你将消极的转变成积极的。
- **仓鼠－重启**将在你明显脱离正轨的时候帮助你回归正轨。

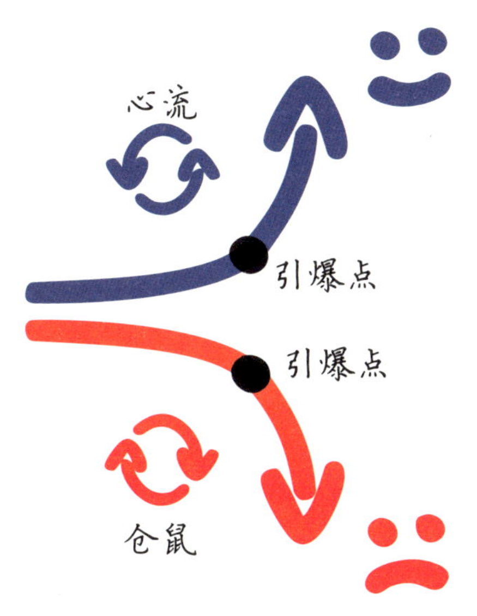

个人成长不是一蹴而就的，个人衰退也不是一夜之间发生的。一旦越过了引爆点，就进入了两个反馈闭环中的一个：要么是在成长的情况下的心流闭环，要么是在衰退的情况下的仓鼠闭环。

本章回顾：结果

如果你通过正确的行动来实现你的愿景，将获得**情感上和物质上的结果**。你会感到幸福，并且看到你的工作成果。

有的时候，即使你可能正致力于实现自己的愿景，有些事情也会让你偏离轨道，导致你失去幸福感。偶尔的心情不好并不可怕，但你需要知道如何快速摆脱它。

你的大脑中被称为**杏仁核**的部分，在我们感知和放大消极刺激的过程中一直在寻找危险。如果有很多的危险，杏仁核将主要关注危险，不再关注积极的东西。这会让你不幸福。

不幸福和消极的情绪具有社会传染性，并可能导致集体悲观主义，在这种悲观主义中，人们的悲观情绪会相互强化。

一些失败或消极的刺激可能让人进入习得性无助的状态——这样的话，你可能遇到一只仓鼠。

你可以通过变得更加以未来为导向，并且从消极的过去转向积极的过去来摆脱仓鼠。内置开关和心流表这两个工具将帮助你做到这一点。

调节内置开关的小习惯，基于你对外部世界将怎样影响你的选择自由。你可以用这个方法来战胜你的失败，应对命运的打击，面对过去的不好的事情。

心流表这个工具基于以下这种理念：如果你写下每天发生在你身上的三件好事，你就会变得更加幸福，也更能以积极的过去为导向。

仓鼠－重启是个能立马奏效的工具，一旦你偏离了轨道，发现自己处于习得性无助的状态，它就能让你回到正轨。

仓鼠反馈闭环和心流反馈闭环都存在，二者都会影响你的动机、纪律，进而影响你的结果。哪里有仓鼠，哪里就有拖延的沃土。相反，你越是处在心流状态，就会拖延得越少。

你是否幸福？你如何评价自己的结果呢？现在，再一次1～10分给你的情感的和物质的结果打分，并且评价你如何使用本章描述的方法。

正如我在其他章节中所做的那样，在这里我建议你将来重新评估自己，并且更新你的自我评估。你会发现，随着你越来越多地使用这些工具，并且随着你的评分的增加，你的整体结果将会改善。我希望这一章能让你更幸福，更加平衡。

一旦你学会了改善自己的动机、纪律和结果，你就只缺少了个人发展的最后一块拼图：客观理智。[1]

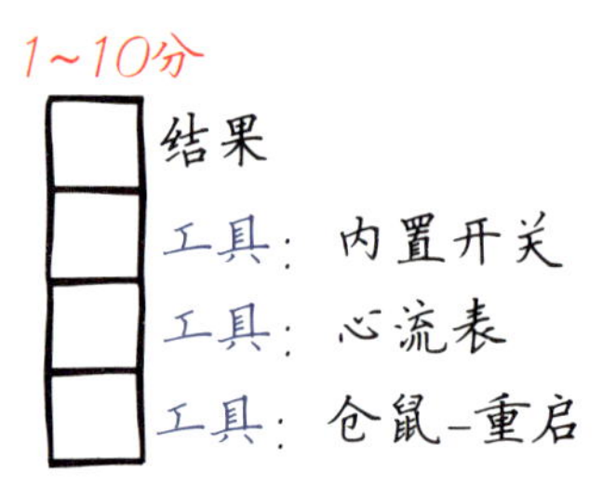

[1] 我认为客观理智是最重要的主题。在本书涉及的四个主要话题中，这一个对我来说意义最深刻，乍一看可能不那么易于理解。然而，以我的经验来看，客观理智是最有可能让你在生活中向前迈进的。

第 4 章

客观理智

如何看待我们的缺陷

美国匹兹堡市的麦克阿瑟·惠勒（McArthur Wheeler）在光天化日之下抢劫了两家银行，却没有试图对自己做任何的伪装。根据新闻报道，警察按照摄像头的影像锁定了他的身份，并很快逮捕了他，但他对自己被认出来感到十分震惊。被抓住后，他不敢相信似的瞪大眼睛，喃喃自语道："可是我涂了柠檬汁的呀！"[90]

我们人类用感官感知周围的世界（既然你现在能读这本书，那么这也同样适用于你）。我们所看到、听到或者感觉到的一切，都会以毫无意义的数据流的形式进入我们的大脑。大脑对数据进行评估，并以此为基础做出决策。这些决策决定了我们随后的行动以及因此而产生的行为结果。

如果你嘴里的热受体告诉你，你正在喝滚烫的茶，那你会把茶水吐出来；如果你觉得有人会对你不利，那你会保护自己；假如你开车时突然看到前面的那辆车亮起了刹车灯，你会立刻做出反应，把脚从油门上挪开，也踩下刹车。

你的大脑在做决策时遵循的规则被称为心理模型（mental models）。这些模型是一些关于我们周围的世界会怎样运转的想法，储存在我们大脑之中。[91]

我们可以对每一种心理模型都进行评估，以了解它与现实的对应程度。我们称之为**客观理智**的水平。认为不停地对天磕头就能解决非洲饥荒的想法，在客观理智的水平上可能非常低。相反，一个描述假如你朝自己的头部开枪很可能杀死

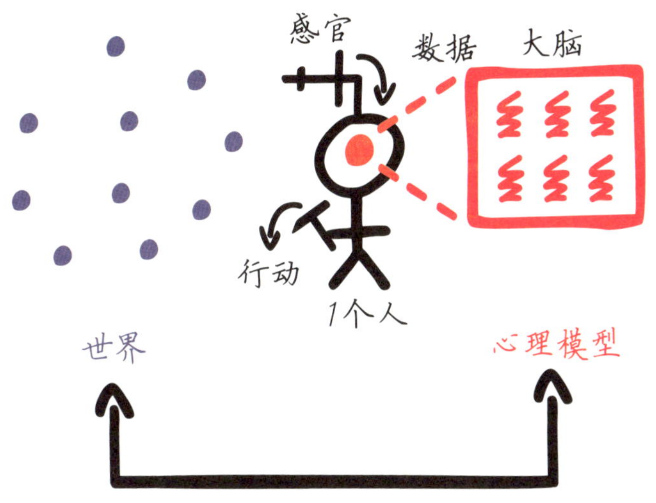

人们用他们的感官感知外部世界。感官数据传递到大脑，然后大脑使用心理模型来评估数据并做出决策。这些决策会影响随后的行动和因此产生的行为。心理模型是我们大脑中储存的关于外部世界如何运作的想法。

客观理智的水平

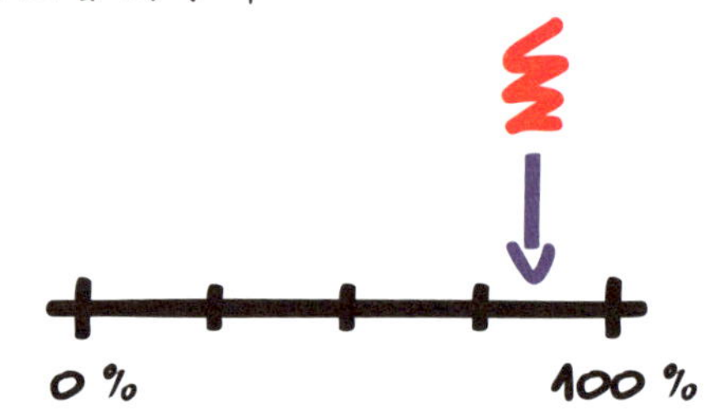

你可以为心理模型分配一个概率，
以确定它们与现实的对应程度。

你自己的心理模型，则表现了相对较高水平的客观理智。

人类大脑的问题在于它往往受到所谓的邓宁 – 克鲁格效应（Dunning-Kruger effect）的支配。[92] 在我们的头脑中，我们有自己坚信的心理模型，尽管它们与现实并不相符。人们常常将主观观念与客观事实混为一谈。

最近一项研究表明，我们对世界如何运转的一些主观概念，与客观事实（如

非客观理智

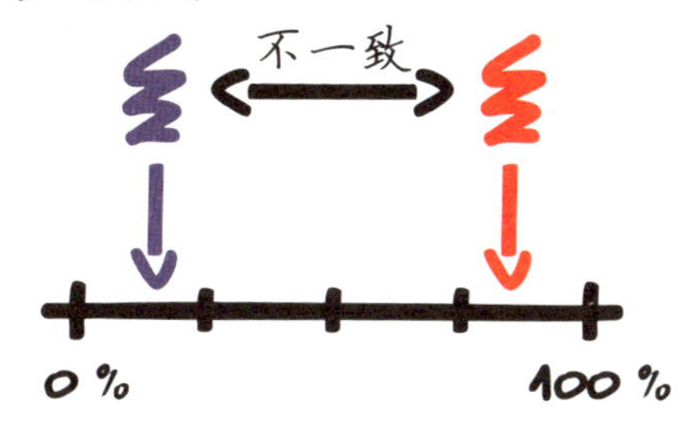

人们常常主观地将一定程度的概率归因于他们的心理模型，而这些模型与客观模型并不相符。他们常常相信不真实的事情。

“2 + 2 = 4”）一样会引发同种类型的感觉。[93] 我们完全相信主观概念绝对正确。然而，大脑的这种绝对有把握的感觉，往往是相对错误的。

劫匪惠勒认为，如果他在脸上（甚至眼睛里）涂上柠檬汁，摄像头就拍不到他了。他太相信这一点了，以至于在脸上涂满柠檬汁后，胆大包天抢劫了两家银行。对我们来讲毫无意义的模型，在他看来却是无可辩驳的真理。惠勒把绝对的主观确定性归因于他的非客观理智的模型。他受到了邓宁 – 克鲁格效应的影响。

邓宁－克鲁格效应和不知道自己无能

惠勒的柠檬汁的故事启发了研究人员大卫·邓宁（David Dunning）和贾斯廷·克鲁格（Justin Kruger）对这一现象进行更详细的研究。两位研究者对人们实际能力的明显差异以及他们如何看待这些能力很感兴趣。邓宁和克鲁格假设，无能的人有两类问题：

- 由于他们的无能，他们做出了有瑕疵的决定（比如，涂上柠檬汁后抢劫银行）。
- 他们无法意识到自己所做的决定是有瑕疵的。（甚至连监控视频片段也无法让惠勒相信自己原来不可能隐形，他声称那些视频是伪造的。）

邓宁和克鲁格在实验参与者的样本上测试了这些假设的有效性。首先，实验参与者参加了一次测验，旨在测量他们在某一领域（逻辑推理、语法和幽默）的能力。然后，邓宁和克鲁格要求参与者评估他们的能力有多好。

邓宁和克鲁格发现了两个有趣的现象：

- 最无能的人（在研究中被标记为无能）有明显高估自己能力的倾向。事实上，他们的能力越差，就越高估自己。例如，一个人越不风趣，他就越觉得自己风趣。多年前，查尔斯·达尔文（Charles Darwin）优雅地描述过这种效应：“无知比知识更容易带来自信。”

- 最有能力的参与者往往低估了自己的能力。有这样一个事实可以用来解释他们为什么低估自己：他们觉得，如果一项任务对他们来说似乎很容易，那么对其他人来说，也会很容易。

在实验的另一部分，研究人员让实验参与者回顾其他人的测试结果，随后再次要求他们进行自我评估。

有能力的参与者意识到，他们的境况比自己想象的要好，因此改变了之前的自我评价，开始更客观地评价自己。然而，当**无能**的参与者面对现实时，这并没有改变他们非客观理智的自我评价。他们无法认识到别人的能力比自己强。用电影《阿甘正传》主人公阿甘的话来说：“做傻事的才是傻瓜。”

简而言之，这项研究发现，无知者总是以为自己无所不知，他们不知道，自己原来还有很多事情弄不明白。无能者有明显高估自己能力的倾向；他们无法评估他人的能力，甚至在面对现实之后，也不会改变对自己的看法。在本书中，当我们谈到存在这个问题的人时，我们会简单地说他们“有邓宁－克鲁格效应”（简称 DK）。这项研究表明，当人们得出非客观理智且错误的结论时，正是他们的非客观理智使得他们无法认识到并承认错误。

◎ 甜蜜的无知：我们大脑的守护者

一种称为病感失认的疾病表明，邓宁－克鲁格效应可能是人脑的一种保护机制。这是一种可见于失去肢体的人的脑损伤。患有病感失认症的人认为他们仍然有肢体，而且，谁也说服不了他们。[94]

当医生和这样的病人谈论他健康的左手时，病人的交流是正常的。当谈话转向那只已经缺失的右手时，病人假装没有听到医生在说什么。脑部扫描显示，这不是一种有意识的反应；相反，患者受损的大脑会下意识地屏蔽掉有关他缺失右手的信息。[95]

甚至有的盲人也无法相信自己是盲人。[96] 这种病感失认症的极端例子支持了这样一种理论：大脑可能对那些表明我们无能的信息予以忽略。

对于柠檬汁劫匪的大脑来说，承认证据是伪造的，要比承认自己的无能和非客观理智简单得多。

与病感失认症类似，人类的大脑经常忽视那些证伪我们的心理模型的信息，并依此做出反应。所以，大脑使我们处于一种非客观理智的和无知的状态。但是，非客观理智总是那么甜蜜吗？它涉及哪些风险？我们为什么需要客观理智呢？

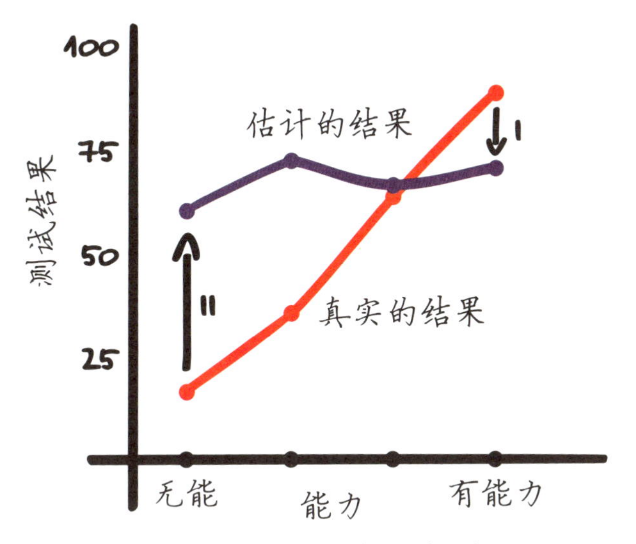

研究揭示了两项主要成果：

(1) 有能力的人往往低估自己。

(2) 无能的人往往高估自己。

◎ 为什么要与非客观理智做斗争

我曾经有个同班同学，他不太风趣，准确地说，许多人认为他很笨拙。每当他讲笑话时，很多人真的都笑了。不幸的是，他们不是因他的笑话而笑，而是嘲笑他。我的同学很可能把这种笑声解释为他的幽默感的证据，因此讲了更多的笑话。

即使许多年过去了，如果他今天仍然这样做，我也不会感到惊讶。你愿意像他那样吗？你愿意让所有人都看到你的缺点吗？你的邓宁－克鲁格效应呢？为什么追求自己的客观理智很重要？

- **更加客观理智的心理模型带来更频繁的、更好的决策。**更好的模型可以帮助你更加准确地预测你的行为的后果。相反，如果你有着非客观理智的模型并且深受邓宁－克鲁格效应之苦，那么你的行为无法产生你想要的结果。过分自信并不能保证成功，柠檬汁无法让你隐形。
- **非客观理智阻碍个人成长。**我有时候遇到一些管理者，他们认为自己是世界上最好的领导者。不幸的是，他们往往是失败的公司中唯一这么认为的人。增强客观理智的另一个理由是，只有当你认识到自己的缺点时，才可能开始改正它们。因此，寻找你自己的邓宁－克鲁格效应，可能是你能为自己的个人发展所做的最重要事情之一。

- **非客观理智，即使是善意的，也会伤害他人**。人们之所以说“通往地狱的路是由善意铺成的”，是有原因的。伯特兰·罗素曾说：“人们由于相信了后来被证明是不真实的事情而给别人造成的痛苦，是最大的痛苦。”例如，许多大屠杀的凶手在犯下可怕罪行很久之后仍然认为他们自己做了正确的事情，从来不认为自己是坏人。看看安德斯·布雷维克在接受审判时的表现吧，他坚信自己做的是对的，他的心理模式没有改变。

怎样与自己的非客观理智做斗争？如何才能避免邓宁－克鲁格效应？从长远来看，你如何发现自己的缺点并且增强自己的客观理智？

◎ 究竟可以怎样增强客观理智

客观理智和真实是社会运行与发展最重要的价值观之一，邓宁－克鲁格效应则是客观理智和真实的敌人。这尤其危险，因为这种效应可以直接在我们的头脑中屏蔽客观理智。不要让自己落入这个陷阱。以下这些原则将帮助你对抗邓宁－克鲁格效应和非客观理智。

- **通过教育提高你的能力** 在另一个实验中，邓宁和克鲁格发现，培训和教育可以帮助无能之人更准确地评估自己和他人。[97] 如果你在某一领域提高了自己的能力，就会意识到自己过去是多么无能。苏格拉底（Socrates）表达了教育的重要性，他说："唯一的善是知识，唯一的恶是无知。"
- **建立良好的信息源基础** 在当今信息时代，判断信息源的质量至关重要。今天，任何人都可以轻松地把各类信息放到互联网上；因此，你需要学习如何评估可用内容的质量。一般情况下，学术期刊和研究报告中包含的知识，比小报或匿名博客上的信息更可靠。如果文本中的事实引用了它们所依据的资料来源，表明作者试图做到更加客观理智。例如，维基百科鼓励其投稿者为每一篇文章提供参考源列表。人类大脑不可能精确地理解世界运行的所有规律，因此，每个心理模型都只是一种简化，总是存在部分的不准确性。但正如伯特兰·罗素曾经说的那样："当一个人承认没有什么事情是确定的时候，我认为他也必须承认，有些事情比其他事情更接近确定。"

- **对你所知甚少的事情不要有强烈的看法**　缺乏信息或者被媒体扭曲的信息是邓宁-克鲁格效应的沃土。看看新闻网站上的评论部分你就知道了。你会发现，发帖者认为自己是所有事情的专家。如果你想避免非客观理智，分享你对自己真正擅长的事情的看法。不要把某个领域的能力转移到另一个领域。某人是个成功的动物学家，并不意味着他一定了解平面设计。你不必对每件事情都有自己的看法。最好是承认你不懂，或者表示你没有意见。诺贝尔物理学奖得主理查德·费曼（Richard Feynman）曾宣称："我认为，活在无知的世界里，要比拥有可能出错的答案有趣得多。"
- **质疑你的直觉**　不要只是怀疑，而要积极地质疑。怀疑本身不会让你有所成就。然而，如果你不断地对事情提出质疑，就会积极地在你的心理模型中寻找不完美的地方，并找出改善它们的方法。正如行为经济学家丹·艾瑞里（Dan Ariely）的研究表明的那样，我们的直觉往往是错误的。[98] 关于这个问题，他是这样说的："我们（我的意思是你们、我、公司，以及政策制定者）需要怀疑我们的直觉。如果我们仅仅因为‘嗯，事情一直都是这样做的’而继续遵循直觉与常识，或者做那些最简单或最习惯的事情，我们就会继续犯错。”你可以通过质疑自己的观点来做个平凡的英雄。积极地寻找自身错误，是最大的非舒适区之一。

- **寻求外部反馈**　开始积极地质疑你的主观见解。收集周围人的意见。每次研讨会结束后，我都要求参与者提供匿名的反馈与评估。有时候，我觉得某次研讨会是我举办过的最好的研讨会之一，但参与者的反馈表明这只是一般的研讨会。还有些时候，我觉得研讨会很糟糕，但我收到的评价完全相反。这些经历证实了我的印象，有的时候，相信外部反馈比相信自己的主观意见要好。即使一开始你不赞成你获得的反馈，你也要试着从中吸取一些东西。不要对它们睁一只眼闭一只眼。
- **培养你的批判性思维能力**　这种思维方式要求你有独立思考的自主性，不要不加批判地接受权威人士和其他人的观点。批判性思维还向你显示某些信息是否正确。如果你的观点和别人不同，要有勇气和别人分享。伯特兰·罗素描述了离开舒适区并且采用以下方式表达自己观点所需要的英雄主义："拯救世界需要信念和勇气；一是对理性的信念，二是宣布理性所显示的真理的勇气。"

- **试着反驳你的观点，就像你试图证实自己的观点一样强烈** 不久前，一位熟人向我夸耀说，他经常"在正午时分盯着太阳看"，每次看几分钟。他声称这样做能改善他的视力。此外，他还向我解释制药公司是如何隐藏这种"神奇"的方法，以便通过出售药物而大发其财的。你在网上搜索时，会发现几乎所有的信息都能证实这一点，甚至有直接盯着太阳看，能改善健康状况的说法。人们有一种倾向去寻找能够证实他们信念的信息。[99]他们寻求对自己思维模式的确认。为了与邓宁－克鲁格效应做斗争，找出反驳你的观点的论据也很重要。你必须通过找出与你的想法相反的事实，努力发现你的信念在哪些方面被篡改了。评估支持和反对某一信念的论据，将催生更加客观的意见。牛津大学生物学教授理查德·道金斯（Richard Dawkins）表示："我们无论如何都要保持开放的心态，但不要开放到让我们的大脑掉下来的地步。"
- **应用奥卡姆剃刀原理** 这一有着约 700 年历史的逻辑原理指出，如果某种现象有不止一种解释，那么，最简单的解释最有可能是最真实的。恐怖分子真的要为“9·11”恐怖袭击事件负责吗？或者，“9·11”事件是不是美国政府在幕后策划了一场大阴谋，把一切都安排得好像是恐怖分子干的？如果我们想要根据奥卡姆剃刀原理做出判断，第一个不那么复杂的选择更有可能是正确的。奥卡姆剃刀原理十分适合快速地对事情提出初步意见。但是，为了获得更大的客观理智，你永远需要搜索更可靠的信息与事实。

- **小心邓宁-克鲁格效应** 1978年，900多名来自人民圣殿教派的信徒死于历史上规模最大的集体自杀。[100] 这可能是一个极端的例子，但是，大众的非客观理智往往更加频繁地发生在较小的范围之中。有时候，个性强烈的人们会下意识地让身边的人都认同自己的心理模型。他们逐渐把自己封闭在非客观理智的泡泡里，在这种泡泡之中，他们的想法得不到任何负面的反馈。这不仅发生在公司，也发生在家里。结果是一小群人对某件事情抱有相同的看法，不幸的是，这些看法与现实不符。大众的非客观理智是存在的最大的社会风险之一。19世纪的作家朱利叶斯·泽耶尔（Julius Zeyer）对这种风险有一种相对不妥协的看法：“大众总是盲目的。”

- **不要武断** 教条，也就是说，毫无疑问的事实，是非客观理智的一个常见来源。因此，你应当总是愿意承认，自己的见解可能是错误的。要接受这样一个事实：你也许受到邓宁－克鲁格效应的影响。[一]如果你对某件事的信念坚如磐石，那就试着承认你可能错了。人们常常认为，查理·卓别林（Charlie Chaplin）就教条的风险说过这样的话："追随追求真理的人，远离找到真理的人。"

[一] 例如，我承认整本书可能非客观理智。假如是这样的话，如果有人能给我提供更好的信息，我很乐意重新评估我的结论。

本章回顾：客观理智

我们的大脑依据**心理模型**做出决策。

心理模型代表着我们对自己身边世界如何运转的感知。

尽管某人坚定地相信他的心理模型，但这并不意味着他们就是正确的。

我们都受到**邓宁－克鲁格效应**的影响，常常相信一些不真实的事情。

我们的非客观理智越强，我们做出的决策就存在越多的瑕疵。

如果想致力于提升自己，你需要寻找那些自己不太客观理智的方面。

你可以系统地增强自己的客观理智。

成功地与邓宁－克鲁格效应战斗，主要包括**让自己知道一些来自可靠信息源头的事实**。

还有一些增强客观理智的方法包括**搜集各种类型的反馈**，**进行批判性思考**，并且**质疑你的直觉与教条**。

个体的非客观理智可能促成一种非常危险的**集体非客观理智**。

寻求事实真相是永无止境的。

我很高兴看到有一天邓宁－克鲁格效应变得众所周知，并经常得到讨论。称某人为“白痴”是没有意义的，而应该指出他的非客观理智，并说：“那个家伙有一个 DK。”当人们争论的时候，承认他们可能受到邓宁－克鲁格效应的影响会增加达成一致和妥协的概率。如果更多的人努力做到客观理智，那么这个世界上由非客观理智造成的不幸就会少很多。从 1～10 为自己打分，你在多大程度上试图使你的心智模型客观理智？

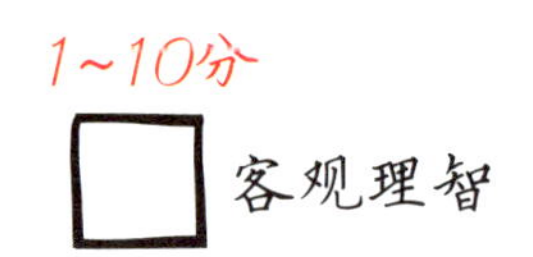

结　语

造就长期改变的关键

最近，我遇到了一位客户，我上一次为他提供咨询是在一年多以前。我一见到他，就发现他显得比我们之前见面时更加成熟稳重了。自从上次见面以来，他几乎改掉了所有的坏习惯，还养成了一些新的好习惯。

他告诉我，他正在经历一生中最幸福的时光。多年之后，他找到了一些有意义的东西，一些让他进入心流状态的东西。他的慢性拖延症完全消失了。即使他一年时间没有接受咨询，一切也都十分顺利。

他成功的秘诀是什么？你怎样才能把本书中的信息转化为日常实践呢？

许多培训课程和个人咨询课程最终的结局是，上这些课程的人们在几天或几周后，又回到原样了。即使在阅读了自助图书之后，人们也会很快忘记他们刚刚学到的大部分知识，没有出现长期的改变。多年来，我一直在寻找克服这种困难的方法。

令我不安的是，我的大脑也不断地忘记那些对我个人发展最重要的事情。我和同事发现了一种有效解决这个问题的方法，我们称之为和自己会谈。

工具：和自己会谈

日常琐事太多，常常不允许你花时间停下来思考个人成长或者长远规划。人们的生活往往只是对外界的一系列反应，而外界拖住了他们前行的步伐。如果你想向前迈进，你的个人成长必须建立在一个稳定的基础上。正是在这个基础上，我们要**和自己会谈**。

这些会谈基于自我指导的理念。在典型的教练技术中，教练会向你提出一系列问题，着眼于激发你思考个人成长的关键因素。在自我教练中，你要自己提这些问题。

你问自己最近进步了多少。你会考虑你的人生方向，还要思考自己还能进一步提高些什么。你需要采用 1～10 分的打分方法，评估自己在使用所学的实用个人发展工具方面的能力。在你与自己会谈期间，你还需要重温本书中介绍的理论模型。最后，你必须完成了某些具体的任务，才能确定下次会谈。（你可以在附录“和自己会谈”中进行练习。）

◎ “和自己会谈”这个工具怎样发挥作用

我建议你每周举行一次自我指导的会谈，最好安排在固定的时间，比如每周日下午 4 点。选择某个特别的地方会谈，也是一个好主意，比如你最喜欢的咖啡馆。我不建议你们在办公桌前与自己会谈，那样的话，你面前的电脑、电影和互联网很容易使你分心。如果你能把某个特别的地方和你的个人发展联系起来，就能更容易地从这些会谈中养成习惯，这些习惯将在你的生活中长久而可靠地伴随着你。

留出一小时的时间来会谈，一个人坐着，关掉手机，拿出纸和笔。在你的自我指导过程中，思考“潜在的风险是什么”。把你的答案和重要想法写在纸上，以便日后的会谈时回顾它们。

◎ 潜在的风险

最大的风险是推迟会谈。要尽最大努力确保你定期举行这些会谈。我建议你在日历中提前几周做出安排。总是至少保留两个计划；如果其中一个不奏效，也不至于最终打破你的习惯。

另外一种风险是，你一开始不知道如何举行会谈，也不知道在纸上写些什么。我的一位客户告诉我，她将会谈推迟了，因为不知道会谈期间具体要做什么。正因为如此，我们创建了一个表单来帮助你。你可以在本书附录中找到它。你会发现，仅仅举行几次会谈之后，你就几乎自动地完成了所有事情。

和自己会谈

(1) 自从上次会谈以来，我进步了多少？我已经成功做到了什么？

(2) 到下次会谈之前，我希望向前推进多少？个人发展的哪个方面是我想关注的？

(3) 我使用这些工具的情况如何？

(1~10分)

☐ 个人愿景
☐ 习惯清单
☐ 所有待办事项
☐ 英雄主义

(1~10分)

☐ 心流表
☐ 内置开关
☐ 仓鼠–重启
☐ 与自己会谈

(4) 为下一次会谈准备待办事项清单。

终结拖延，重新开始

本书的主要目的是帮助你了解拖延症的运作原理。本书的核心内容是理论模型和简单的实用工具，它们有助于你有效地在与拖延症的长期斗争中取得胜利。

战胜拖延症需要每天的英雄主义。我希望本书能帮你找到更深刻的生活意义、更高的生产力和效率、持久的幸福感以及更强的客观理智。哪怕本书只对小部分读者有所帮助，对我来说，把它写出来并正式出版，也具有很大的意义。

人们常说，重复是智慧之母。这么说，是有原因的。这就是为什么我建议你即使读过了本书也要继续翻看它。你不需要再次从头到尾地阅读，随便看看就行。这些插图会使你想起它包含的主要思想。即使我每周都在研讨会上展示好几次本书里的材料，而且，即使过了这么多年，我仍然发觉自己找到了新的联系，有了新的感悟。我坚定地相信，你们也将成功地找到新方法来充分利用这些信息。

如果你在自家卫生间旁边给这本书找到了一个好位置来安放，我一点也不生气。卫生间是每天花几分钟复习这本书主要观点的理想场所。[1]

---

[1] 即使你认为这本书的内容没有开创性，你也可以用具有开创性的方式来阅读。

本书中最重要的观点是

最后，我想请你帮个忙。想象一下你不得不忘记你在这本书中学到的一切，但只能记住一件事，那会是什么事呢？请把它写下来。如果你把它写成电子邮件发给我，我会很高兴的。电子邮箱的地址是 petr@procrastination.com，谢谢你。

正如威廉·詹姆斯（William James）曾说过的那样：“生活中最重要的事情，不只是为自己的生活而活。”我希望这本书中的信息能成为你人生旅途上的得力帮手。现在就看你了，祝你好运。

1.动机
2.纪律
3.结果
4.客观理智

主要的工具

1. 个人愿景
2. 习惯清单
3. 所有待办事项
4. 英雄主义
5. 心流表
6. 内置开关
7. 仓鼠-重启
8. 与自己会谈

其他方法

1. 个人SWOT分析
2. 个人成就清单
3. 分析激发动机的活动
4. 个人愿景的测试版
5. 仓鼠单

行动计划

我将采取的措施是

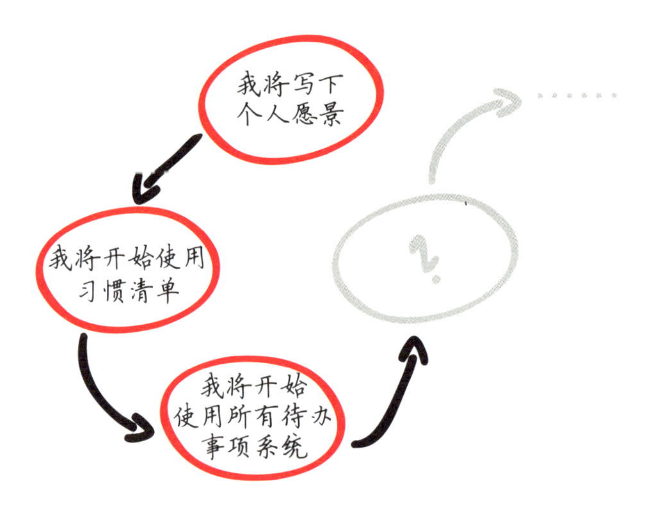

附　录[1]

[1] 可于华章网站上下载，请见 www. hzbook. com。

个人愿景

◎ 个人 SWOT 分析

优势	劣势
机会	**威胁**

◎ 个人成就清单

◎ 分析激发动机的活动

1.能力提升活动	2.创造遗产活动
3.构建关系活动	4.自我2.0驱动的活动

◎ 你的个人愿景的测试版

1.你最喜欢引用谁的名言？你与哪种思想产生了共鸣？

2.你生命中最重要的三种价值观是什么？

3.你想怎样度过你的时间？你心目中理想的工作是什么？

4.你怎样为社会做贡献？你能从事一些什么样的自我2.0活动？

◎ 将个人愿景付诸行动的办法

1.你每天能做些什么来运用你的愿景？

2.你可以采取什么步骤来定期完善你的愿景？

3.你可以做些什么，使你自己永远不会忘记自己的愿景？

4.你会采取什么具体的行动来充分利用你的个人愿景？

习惯清单

“没有行动的愿景是一场白日梦，
没有愿景的行动则是一场噩梦。”
——日本谚语

习惯	习惯清单							每日潜力
最低	今日							1~10分
1.								
2.								
3.								
4.								
5.								
6.								
7.								
8.								
9.								
10.								
11.								
12.								
13.								
14.								
15.								
16.								
17.								
18.								
19.								
20.								
21.								
22.								

23.								
24.								
25.								
26.								
27.								
28.								
29.								
30.								
31.								

终结拖延

拖延=有意识地或习惯性地推迟做事

习惯清单使用说明

1）提前一个月打印出来（或者可能提前两个月）。
2）确定你的习惯，设定最低目标。
3）小心不要过高估计自己——关注你的大象。
4）每天填一行。
5）如果你达到了目标，画一个绿点。
6）如果没有达到目标，画一个红点。
7）1～10分，给你的潜力打分。
8）点的颜色并不十分重要，重要的是每天都把纸填满。
9）不时地读一下你的愿景，这样你就会知道你为什么要做这些事情。
10）在填写习惯清单时不要拖延！

更多贴士

+）如果你因不可控因素而不能坚持某个习惯，画一个蓝点。
+）如果有些习惯不是日常任务，用x划掉这些单元格。
+）选择一个习惯，把注意力100%集中在这个习惯的培养上整整一个月。
+）如果你发现你忘记了习惯清单，重新开始。
……还有一件事……买些记号笔。

今日待办事项

终结拖延

拖延=有意识地或习惯性地推迟做事

今日待办事项的使用说明

1）取一张白纸，写下你想在某一天完成的所有任务。

2）为每项任务取一个具体的、令人愉快的名字。

3）将大型任务分解，将小型任务综合。

4）用颜色区分任务的优先级。

5）确定你一天的路径（按照你想做的顺序把任务连接起来）。

6）估算时间（设定你想开始和结束每项任务的时间）。

7）只专注于一件事（一旦你开始一项活动，就不要再关注其他事情）。

8）学会何时停止（一旦你完成了一项任务，就把它划掉）。

9）补充认知资源（在任务之间休息一下，恢复你的认知资源）。

10）养成制订今日待办事项的习惯（养成每天都要做的习惯，做一个今日待办事项的思维导图）。

更多贴士：

+）把最不愉快的任务放在早上做。

+）你可以使用今日待办事项作为整个所有待办事项的一部分。

+）可以创建两条路径，如果你被一个卡住了，就用另一个。

+）……以防万一，将今日待办事项的使用添加到你的习惯清单上。

心流表

	I.	II.	III.	幸福 1~10分
1.				
2.				
3.				
4.				
5.				
6.				
7.				
8.				
9.				
10.				
11.				
12.				
13.				
14.				
15.				

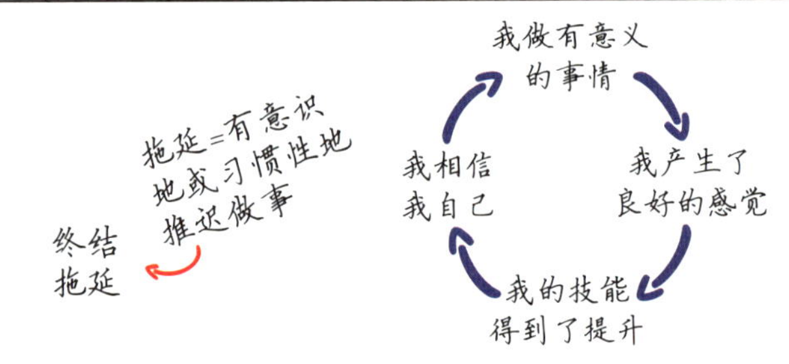

	I.	II.	III.	幸福 1~10分
16.				
17.				
18.				
19.				
20.				
21.				
22.				
23.				
24.				
25.				
26.				
27.				
28.				
29.				
30.				
31.				

和自己会谈

1.自从上次会谈以来，我进步了多少？我已经成功做到了什么？

2.到下次会谈之前，我希望向前推进多少？我个人发展的哪个方面是我想关注的？

3.我使用这些工具的情况如何？

1～10分

- ☐ 个人愿景
- ☐ 习惯清单
- ☐ 所有待办事项
- ☐ 英雄主义

1～10分

- ☐ 心流表
- ☐ 内置开关
- ☐ 仓鼠-重启
- ☐ 与自己会谈

4.为下一次会谈准备待办事项清单。

参考文献

[1]
FERRARI, J. R. Procrastination as self-regulation failure of performance: Effects of cognitive load, self-awareness, and time limits on "working best under pressure". *European Journal of Personality*. 2001, 15th ed., no. 5, pp. 391–406.
BAUMEISTER, R. F. Choking under pressure: Self-consciousness and paradoxical effects of incentives on skillful performance. *Journal of Personality and Social Psychology*. 1984, 46th ed., no. 3, pp. 610–620.
GRAWE, K. *Neuropsychotherapy: How the Neurosciences Inform Effective Psychotherapy*. New Jersey: Routledge, 2007. ISBN 08-058-6122-X.

[2]
HÉSIOD. *Works and days*.

[3]
MORRISON, M. and ROESE, N. Regrets of the typical American: Findings from a nationally representative sample. *Social Psychological and Personality Science*. 2011, 2nd ed., no. 6, pp. 576–583.

[4]
KINSELLA, K. G. Changes in life expectancy 1900–1990. *The American Journal of Clinical Nutrition*. 1992, 55th ed., no. 6, pp. 1196–1202.
GOKLANY, I. M. *The Improving State of the World: Why We're Living Longer, Healthier, More Comfortable Lives on a Cleaner Planet*. Washington, D.C: Cato Institute, 2007. ISBN 19-308-6598-8.
DIAMANDIS, P. H. & KOTLER, S. *Abundance: The Future is Better Than You Think*. 1st ed., New York: Free Press, 2012. ISBN 14-516-1421-7.

[5]
ABOUHARB, M. R. & KIMBALL, A. L. A new dataset on infant mortality rates, 1816–2002. *Journal of Peace Research*. 2007, 44th ed., no. 6, pp. 743–754.
DIAMANDIS, P. H. & KOTLER, S. *Abundance: The Future is Better Than You Think*. 1st ed., New York: Free Press, 2012. ISBN 14-516-1421-7.

[6]
KRUG, E. G., MERCY, J. A., DAHLBERG, L. L. & ZWI, A. B. The world report on violence and health. *The Lancet*. 2002, vol. 360, no. 9339, pp. 1083–1088.
PINKER, S. *The Better Angels of Our Nature: Why Violence Has Declined*. New York: Viking, 2011. ISBN 06-700-2315-9.

[7]
MARKOFF, J. The iPad in your hand: As fast as a supercomputer of yore. In: *The New York Times: Bits* [online]. 2011, 2011-05-09 [qt. 2013-03-24]. web: http://bits.blogs.nytimes.com/2011/05/09/the-ipad-in-your-hand-as-fast-as-a-supercomputer-of-yore
HILBERT, M. & LÓPEZ, P. The world's technological capacity to store, communicate, and compute information. *Science*. 2011, no. 6025, pp. 60–65.

[8]
VEENHOVEN, R. Erasmus University Rotterdam. *World Database of Happiness* [online]. 2012 [qt. 2013-03-24]. web: http://worlddatabaseofhappiness.eur.nl
SHIN, D. C. Does rapid economic growth improve the human lot? Some empirical evidence. *Social Indicators Research*. London: Published for the British Council and the National Book League by Longmans, Green, 1980, 8th ed., no. 2, pp. 199–221.
GALLUP. *Gallup.Com: Daily News, Polls, Public Opinion on Politics, Economy, Wellbeing, and World* [online]. 2013, 2013-03-24 [qt. 2013-03-24]. web: http://www.gallup.com

[9]
REDELMEIER, D. A. Medical decision making in situations that offer multiple alternatives. *The Journal of the American Medical Association*. 1995, 273rd ed., no. 4, pp. 302–305.
ARIELY, D. & LEVAV, J. Sequential choice in group settings: Taking the road less traveled and less enjoyed. *Journal of Consumer Research*. 2000, 27th ed., no. 3, pp. 279–290.
IYENGAR, S. S., HUBERMAN, G. & JIANG, G. How much choice is too much?: Contributions to 401(k) retirement plans. *Pension Design and Structure: New Lessons from Behavioral Finance*. 2005.
IYENGAR, S. S. & LEPPER, M. R. Rethinking the value of choice: A cultural perspective on intrinsic motivation. *Journal of Personality and Social Psychology*. 1999, 76th ed., no. 3, pp. 349–366.

IYENGAR, S. S., WELLS, R. E. & SCHWARTZ, B. Doing better but feeling worse: Looking for the "best" job undermines satisfaction. *Psychological Science*. 2006, 17th ed., no. 2, pp. 143–150.

SCHWARTZ, B. *The Paradox of Choice: Why More Is Less*. Reissued. New York: Harper Perennial, 2005. ISBN 978-006-0005-696.

IYENGAR, S. S. *The Art of Choosing*. 1st ed., New York: Twelve, 2010. ISBN 978-044-6504-119.

[10]

IYENGAR, S. S. & LEPPER, M. R. When choice is demotivating: Can one desire too much of a good thing? *Journal of Personality and Social Psychology*. 2000, 79th ed., no. 6, pp. 995–1006.

IYENGAR, S. S., HUBERMAN, G. & JIANG, G. How much choice is too much?: Contributions to 401(k) retirement plans. *Pension Design and Structure: New Lessons from Behavioral Finance*. 2005.

SCHWARTZ, B. *The Paradox of Choice: Why More Is Less*. Reissued. New York: Harper Perennial, 2005. ISBN 978-006-0005-696.

IYENGAR, S. S. *The Art of Choosing*. 1st ed., New York: Twelve, 2010. ISBN 978-044-6504-119.

[11]

IYENGAR, S. S. & LEPPER, M. R. When choice is demotivating: Can one desire too much of a good thing? *Journal of Personality and Social Psychology*. 2000, 79th ed., no. 6, pp. 995–1006.

IYENGAR, S. S., HUBERMAN, G. & JIANG, G. How much choice is too much?: Contributions to 401(k) retirement plans. *Pension Design and Structure: New Lessons from Behavioral Finance*. 2005.

REDELMEIER, D. A. Medical decision making in situations that offer multiple alternatives. *The Journal of the American Medical Association*. 1995, 273rd ed., no. 4, pp. 302–305.

SCHWARTZ, B. *The Paradox of Choice: Why More Is Less*. Reissued. New York: Harper Perennial, 2005. ISBN 978-006-0005-696.

IYENGAR, S. S. *The Art of Choosing*. 1st Ed. New York: Twelve, 2010. ISBN 978-044-6504-119.

[12]

GILBERT, D. T. & EBERT, J. E. Decisions and revisions: the affective forecasting of changeable outcomes. *Journal of Personality and Social Psychology*. 2002, 82nd ed., no. 4, pp. 503–514.

IYENGAR, S. S., WELLS, R. E. & SCHWARTZ, B. Doing better but feeling worse: Looking for the "best" job undermines satisfaction. *Psychological Science*. 2006, 17th ed., no. 2, pp. 143–150.

SCHWARTZ, B. *The Paradox of Choice: Why More Is Less*. Reissued. New York: Harper Perennial, 2005. ISBN 978-006-0005-696.
IYENGAR, S. S. *The Art of Choosing*. 1st ed. New York: Twelve, 2010. ISBN 978-044-6504-119.

[13]
SCHWARTZ, B. *The Paradox of Choice: Why More Is Less*. Reissued. New York: Harper Perennial, 2005. ISBN 978-006-0005-696.
IYENGAR, S. S. *The Art of Choosing*. 1st ed., New York: Twelve, 2010. ISBN 978-044-6504-119.
ARIELY, D. *Predictably Irrational: The Hidden Forces That Shape Our Decisions*. 1st ed., New York: Harper Perennial, 2010. ISBN 978-006-1353-246.

[14]
BERRIDGE, K. C. & KRINGELBACH, M. L. Affective neuroscience of pleasure: reward in humans and animals. *Psychopharmacology*. 2008, no. 3, pp. 457–480.
CSÍKSZENTMIHÁLYI, M. *Finding Flow: The Psychology of Engagement with Everyday Life*. 1st ed., New York: Basic Books, 1997. ISBN 04-650-2411-4.
CSÍKSZENTMIHÁLYI, M. *Flow: The Psychology of Optimal Experience*. New York: HarperPerennial, 1991. ISBN 00-609-2043-2.

[15]
THOMSON REUTERS. *Web of Knowledge: Discovery Starts Here* [online]. 2013, 2013-03-24 [qt. 2013-03-24]. web: http://www.webofknowledge.com

[16]
Where can I find the Yale study from 1953 about goal-setting? In: *University of Pennsylvania Library* [online]. 2002 [qt. 2013-03-24]. web: http://faq.library.yale.edu/recordDetail?id=7508
TABAK, L. If your goal is success, don't consult these guru. In: *Fast Company* [online]. 1996-12-31 [qt. 2013-03-24]. web: http://www.fastcompany.com/27953/if-your-goal-success-dont-consult-these-gurus

[17]
WARE, C. *Information Visualization: Perception for Design*. 3rd ed., Morgan Kaufmann, 2012. ISBN 978-012-3814-647.

[18]
ARIAS-CARRIÓN, O. & PŎPPEL, E. Dopamine, learning, and reward-seeking behavior. *Acta Neurobiol Exp.* 2007, 67th ed., no. 4.
BERRIDGE, K. C. & KRINGELBACH, M. L. Affective neuroscience of pleasure: reward in humans and animals. *Psychopharmacology.* 2008, 3rd ed., pp. 457–480.
KRINGELBACH, M. L. The functional neuroanatomy of pleasure and happiness. *Discovery Medicine.* 2010, Year. 9, 49th ed., pp. 579–587.
LINDEN, D. J. *The Compass of Pleasure: How Our Brains Make Fatty Foods, Orgasm, Exercise, Marijuana, Generosity, Vodka, Learning, and Gambling Feel So Good.* New York: Viking, 2011. ISBN 06-700-2258-6.

[19]
NOVO NORDISK. *Novo Nordisk annual report 2015* [online]. web: http://www.novonordisk.com/annual-report-2015.html

[20]
ARIELY, D., KAMENICA, E. & PRELEC, D. Man's search for meaning: The case of Legos. *Journal of Economic Behavior and Organization.* 2008, 67th ed., no. 3–4, pp. 671–677.

[21]
ARIAS-CARRIÓN, O. & PŎPPEL, E. Dopamine, learning, and reward-seeking behavior. *Acta Neurobiol Exp.* 2007, 67th ed., no. 4.
ACHOR, S. Positive intelligence. *Harward Business Review.* 2012, 90th ed., no. 1–2, pp. 100–102.
ASHBY, F. G., ISEN, A. M. & TURKEN, A. U. A neuropsychological theory of positive affect and its influence on cognition. *Prychological Review.* 1999, 106th ed., no. 3.
ISEN, A. M. *Psychological and Biological Approaches To Emotion.* Hillsdale, N. J.: L. Erlbaum Associates, 1990, pp. 75–94. ISBN 978-080-5801-507.
ACHOR, S. *The Happiness Advantage: The Seven Principles of Positive Psychology That Fuel Success and Performance at Work.* 1st ed., New York: Broadway Books, 2010. ISBN 978-030-7591-548.

[22]
HOWES, M. J., HOKANSON, J. E. & LOEWENSTEIN, D. A. Induction of depressive affect after prolonged exposure to a mildly depressed individual. *Journal of Personality and Social Psychology.* 1985, 49th ed., no. 4.

CHRISTAKIS, N. A. & FOWLER, J. H. Dynamic spread of happiness in a large social network: longitudinal analysis over 20 years in the Framingham Heart Study. *British Medical Journal*. 2008, no. 337.

HILL, A. L., RAND, D. G., NOWAK, M. A. & CHRISTAKIS, N. A. Emotions as infectious diseases in a large social network: the SISa model. *Proceedings of the Royal Society B: Biological Sciences*. 2010, 277th ed., no. 1701, pp. 3827–3835.

CHRISTAKIS, N. A. & FOWLER, J. H. *Connected: The Surprising Power of Our Social Networks and How They Shape Our Lives: How Your Friends' Friends' Friends Affect Everything You Feel, Think, and Do*. 1st ed., New York: Back Bay Books, 2009. ISBN 978-031-6036-139.

[23]

LEPPER, M. R., GREENE, D. & NISBETT, R. E. Undermining children's intrinsic interest with extrinsic reward: A test of the "overjustification" hypothesis. *Journal of Personality and Social Psychology*. 1973, 28th ed., no. 1, pp. 129–137.

HEYMAN, J. & ARIELY, D. Effort for payment: A tale of two markets. *Psychological Science*. 2004, 15th ed., no. 11, pp. 787–793.

ARIELY, D., GNEEZY, U., LOEWENSTEIN, G. & MAZAR, N. Large stakes and big mistakes. *Review of Economic Studies*. 2009, 76th ed., no. 2, pp. 451–469.

GLUCKSBERG, S. The influence of strength of drive on functional fixedness and perceptual recognition. *Journal of Experimental Psychology*. 1962, 63rd ed., no. 1, pp. 36–41.

PINK, D. H. *Drive: The Surprising Truth About What Motivates Us*. 1st ed., New York: Riverhead Books, 2011. ISBN 978-159-4484-803.

[24]

LEPPER, M. R., GREENE, D. & NISBETT, R. E. Undermining children's intrinsic interest with extrinsic reward: A test of the " overjustification" hypothesis. *Journal of Personality and Social Psychology*. 1973, 28the, no. 1, pp. 129–137.

GNEEZY, U. & RUSTICHINI, A. A. Fine is a price. *The Journal of Legal Studies*. 2000, 29th ed., no. 1, pp. 1–17.

PINK, D. H. *Drive: The Surprising Truth About What Motivates Us*. 1st ed., New York: Riverhead Books, 2011. ISBN 978-159-4484-803.

ARIELY, D. *The Upside of Irrationality: The Unexpected Benefits of Defying Logic*. 1st ed., New York: HarperPerennial, 2011. ISBN 978-006-1995-040.

[25]

LEPPER, M. R., GREENE, D. & NISBETT, R. E. Undermining children's intrinsic interest with extrinsic reward: A test of the "overjustification" hypothesis. *Journal of Personality and Social Psychology*. 1973, 28th ed., pp. 129–137.

PINK, D. H. *Drive: The Surprising Truth About What Motivates Us*. 1st ed., New York: Riverhead Books, 2011. ISBN 978-159-4484-803.

[26]

KEELY, L. C. Why isn't growth making us happier? Utility on the hedonic treadmill. *Journal of Economic Behavior*. 2005, 57th ed., no. 3, pp. 333–355.

LYUBOMIRSKY, S., SHELDON, K. M. & SCHKADE, D. Pursuing happiness: The architecture of sustainable change. 2005, UC Riverside.

SHELDON, K. M. & LYUBOMIRSKY, S. Achieving sustainable gains in happiness: Change your actions, not your circumstances. *Journal of Happiness Studies*. 2006, 7th ed., no. 1, pp. 55–86.

ARIELY, D. *The Upside of Irrationality: The Unexpected Benefits of Defying Logic*. 1st ed., New York: HarperPerennial, 2011. ISBN 978-006-1995-040.

PINK, D. H. *Drive: The Surprising Truth About What Motivates Us*. 1st ed., New York: Riverhead Books, 2011. ISBN 978-159-4484-803.

[27]

NESTLER, E. J. The neurobiology of cocaine addiction. *Science & Practice Perspectives*. 2005, 3rd ed., no. 1, pp. 4–10.

BERRIDGE, K. C. & KRINGELBACH, M. L. Affective neuroscience of pleasure: reward in humans and animals. *Psychopharmacology*. 2008, no. 3, pp. 457–480.

SUVOROV, A. Addiction to rewards. Toulouse School of Economics, 2003.

KRINGELBACH, M. L. The functional neuroanatomy of pleasure and happiness. *Discovery Medicine*. 2010, 9th ed., no. 49, pp. 579–587.

LINDEN, D. J. *The Compass of Pleasure: How Our Brains Make Fatty Foods, Orgasm, Exercise, Marijuana, Generosity, Vodka, Learning, and Gambling Feel So Good*. New York: Viking, 2011. ISBN 06-700-2258-6.

[28]

MILLER, E. K., FREEDMAN, D. J. & WALLIS, J. D. The prefrontal cortex: categories, concepts and cognition. *Philosophical Transactions of the Royal Society B: Biological Sciences*. 2002-08-29, 357th ed., no. 1424, pp. 1123–1136.

GILBERT, D. T. *Stumbling on Happiness*. 1st ed., New York: A. A. Knopf, 2006. ISBN 14-000-4266-6.

[29]

GILBERT, D. T. *Stumbling on Happiness*. 1st ed., New York: A. A. Knopf, 2006. ISBN 14-000-4266-6.

[30]

LÖVHEIM, H. A new three-dimensional model for emotions and monoamine neurotransmitters. *Medical Hypotheses*. 2012, 78th ed., no. 2, pp. 341–348.

SCHNEIDER, T. A., BUTRYN, T. M., FURST, D. M. & MASUCCI, M. A. A qualitative examination of risk among elite adventure racers. *Journal of Sport Behavior*. 2007, 30th ed., no. 3.

SELIGMAN, M. E. P. *Authentic Happiness: Using the New Positive Psychology to Realize Your Potential for Lasting Fulfillment*. 1st ed., New York: Free, 2002. ISBN 978-074-3222-983.

[31]

KEELY, L. C. Why isn't growth making us happier? Utility on the hedonic treadmill. *Journal of Economic Behavior*. 2005, 57th ed., no. 3, pp. 333–355.

KAHNEMAN, D. & KRUEGER, A. B. Developments in the measurement of subjective well-being. *The Journal of Economic Perspectives*, 2006, 20th ed., no. 1, pp. 3–24.

LYUBOMIRSKY, S., SHELDON, K. M. & SCHKADE, D. Pursuing happiness: The architecture of sustainable change. 2005, UC Riverside.

SCHNEIDER, T. A., BUTRYN, T. M., FURST, D. M. & MASUCCI, M. A. A qualitative examination of risk among elite adventure racers. *Journal of Sport Behavior*. 2007, 30th ed., no. 3.

GILBERT, D. T. *Stumbling on Happiness*. 1st ed., New York: A. A. Knopf, 2006. ISBN 14-000-4266-6.

DIENER, E., LUCAS, R. E. & SCOLLON, C. N. Beyond the hedonic treadmill: Revising the adaptation theory of well-being. In: DIENER, E. *The Science of Well-Being*. New York: Springer Netherlands, 2009, pp. 103–118. ISBN 978-90-481-2349-0.

ARIELY, D. *The Upside of Irrationality: The Unexpected Benefits of Defying Logic*. 1st ed., New York: HarperPerennial, 2011. ISBN 978-006-1995-040.

[32]

BRICKMAN, P., COATES, D. & JANOFF-BULMAN, R. Lottery winners and accident victims: is happiness relative? *Journal of Personality and Social Psychology*. 1978, 36th ed., no. 8, pp. 917–927.

KAHNEMAN, D. & KRUEGER, A. B. Developments in the measurement of subjective well-being. *The Journal of Economic Perspectives*, 2006, 20th ed., no. 1, pp. 3–24.

DI TELLA, R., HAISKEN-DE NEW, J. & MACCULLOCH, R. Happiness adaptation to income and to status in an individual panel. *Journal of Economic Behavior*. 2010, 76th ed., no. 3, pp. 834–852.

HULME, O. Comparative neurobiology: Hedonics & Happiness. University of British Columbia. 2010.

ARIELY, D. *The Upside of Irrationality: The Unexpected Benefits of Defying Logic*. 1st ed., New York: HarperPerennial, 2011. ISBN 978-006-1995-040.

[33]

BRICKMAN, P., COATES, D. & JANOFF-BULMAN, R. Lottery winners and accident victims: is happiness relative? *Journal of Personality and Social Psychology*. 1978, 36st ed., no. 8, pp. 917–927.

[34]

EASTERLIN, R. A. Income and happiness: Towards a unified theory. *The Economic Journal*. 2001, 111th ed., no. 473, pp. 465–484.

DI TELLA, R., HAISKEN-DE NEW, J. & MACCULLOCH, R. Happiness adaptation to income and to status in an individual panel. *Journal of Economic Behavior*. 2010, 76th ed., no. 3, pp. 834–852.

[35]

NESTLER, E. J. The neurobiology of cocaine addiction. *Science & Practice Perspectives*. 2005, 3rd ed., no. 1, pp. 4–10.

BERRIDGE, K. C. & KRINGELBACH, M. L. Affective neuroscience of pleasure: reward in humans and animals. *Psychopharmacology*. 2008, no. 3, pp. 457–480.

SUVOROV, A. Addiction to rewards. Toulouse School of Economics, 2003.

KRINGELBACH, M. L. The functional neuroanatomy of pleasure and happiness. *Discovery Medicine*. 2010, 9th ed., no. 49, pp. 579–587.
LINDEN, D. J. *The Compass of Pleasure: How Our Brains Make Fatty Foods, Orgasm, Exercise, Marijuana, Generosity, Vodka, Learning, and Gambling Feel So Good*. New York: Viking, 2011. ISBN 06-700-2258-6.

[36]
BERRIDGE, K. C. & KRINGELBACH, M. L. Affective neuroscience of pleasure: reward in humans and animals. *Psychopharmacology*. 2008, no. 3, pp. 457–480.
SUVOROV, A. Addiction to rewards. Toulouse School of Economics, 2003.

[37]
NOVO NORDISK. *Changing Diabetes* [online]. [qt. 2013-03-25]. Web: http://www.novonordisk.com/about-novo-nordisk/changing-diabetes.html
[38]
YOUNG, J. A. & MICHELLE, M. The zone: Evidence of a universal phenomenon for athletes across sports. *Athletic Insight: The Online Journal of Sport Psychology*. 1999, 1st ed., no. 3, pp. 21–30.
CSÍKSZENTMIHÁLYI, M. *Optimal Experience: Psychological Studies of Flow in Consciousness*. 1st ed.. Cambridge: Cambridge University Press, 1992. ISBN 978-052-1438-094.
JACKSON, S. A & CSÍKSZENTMIHÁLYI, M. *Flow in Sports*. Champaign, IL: Human Kinetics, 1999. ISBN 08-801-1876-8.
CSÍKSZENTMIHÁLYI, M. *Flow: The Psychology of Optimal Experience*. 1st ed., New York: Harper Perennial, 2008. ISBN 978-006-0162-535.
CSÍKSZENTMIHÁLYI, M. *Beyond Boredom and Anxiety*. 1st ed.,. San Francisco: Jossey-Bass Publishers, 1975. ISBN 08-758-9261-2.
CSÍKSZENTMIHÁLYI, M. *Finding Flow: The Psychology of Engagement with Everyday Life*. 1st ed., New York: BasicBooks, 2008. ISBN 978-046-5024-117.
CSÍKSZENTMIHÁLYI, M. *Creativity: Flow and the Psychology of Discovery and Invention*. 1st ed.. New York: HarperCollins Publishers, 1997. ISBN 978-006-0928-209.

[39]
CSÍKSZENTMIHÁLYI, M. *Flow: The Psychology of Optimal Experience*. 1st ed., New York: Harper Perennial, 2008. ISBN 978-006-0162-535.

CSÍKSZENTMIHÁLYI, M. *Beyond Boredom and Anxiety*. 1st ed., San Francisco: Jossey-Bass Publishers, 1975. ISBN 08-758-9261-2.
CSÍKSZENTMIHÁLYI, M. *Finding Flow: The Psychology of Engagement with Everyday Life*. 1st ed., New York: BasicBooks, 2008. ISBN 978-046-5024-117.
CSÍKSZENTMIHÁLYI, M. *Creativity: Flow and the Psychology of Discovery and Invention*. 1st ed., New York: HarperCollins Publishers, 1997. ISBN 978-006-0928-209.

[40]
WILSON, E. O. *The Social Conquest of Earth*. 1st ed.,. New York: Liveright Pub. Corporation, 2012. ISBN 978-087-1404-138.

[41]
WILSON, E. O. *The Social Conquest of Earth*. 1st ed., New York: Liveright Pub. Corporation, 2012. ISBN 978-087-1404-138.

[42]
WILSON, E. O. *The Social Conquest of Earth*. 1st ed., New York: Liveright Pub. Corporation, 2012. ISBN 978-087-1404-138.

[43]
RIDLEY, M. *The Origins of Virtue: Human Instincts and the Evolution of Cooperation*. London: Penguin Books, 1998. ISBN 978-014-0264-456.
RIDLEY, M. *The Red Queen: Sex and The Evolution of Human Nature*. 1st ed., New York: Perennial, 2003. ISBN 00-605-5657-9.

[44]
DARWIN, C. *The Descent of Man and Selection in Relation to Sex*. London: Penguin, 2004. ISBN 978-014-0436-310.
RUSE, M. Charles Darwin and group selection. *Annals of Science*. 1980, 37th ed., no. 6, pp. 615–630.

[45]
WRIGHT, R. *NonZero: The Logic of Human Destiny*. 1st ed., New York: Pantheon Books, 2000. ISBN 06-794-4252-9.
WRIGHT, R. *The Evolution of God*. 1st ed., New York: Little, Brown, 2009. ISBN 03-167-3491-8.

VON NEUMANN, J. *Theory of Games and Economic Behavior.* 16th ed., Princeton: Princeton University Press, 2004. ISBN 06-911-1993-7.

John F. NASH, Jr. – Autobiography. *The Official Web Site of the Nobel Prize* [online]. 1995 [qt. 2013-03-25]. web: http://www.nobelprize.org/nobel_prizes/economics/laureates/1994/nash.html

[46]

HAIDT, J. *The Righteous Mind: Why Good People Are Divided by Politics and Religion* Vintage, 2nd ed., 2103. ISBN 978-0307455772

[47]

SHIN, J. & ARIELY, D. Keeping doors open: The effect of unavailability on incentives to keep options viable. *Management Science.* 2004, 50th ed., no. 5, pp. 575–586.

SCHWARTZ, B. *The Paradox of Choice: Why More Is Less.* Reissued. New York: Harper Perennial, 2005. ISBN 978-006-0005-696.

IYENGAR, S. S. *The Art of Choosing.* 1st ed., New York: Twelve, 2010. ISBN 978-044-6504-119.

[48]

STEEL, P. The nature of procrastination: A meta-analytic and theoretical review of quintessential self-regulatory failure. *Psychological Bulletin.* 2007, 133rd ed., no. 1, pp. 65–94.

[49]

SCHOENEMANN, P. T. Evolution of the size and functional areas of the human brain. *Annual Review of Anthropology.* 2006, 35th ed., no. 1, pp. 379–406.

SEMENDEFERI, K., DAMASIO, H., FRANK, R. & VAN HOESEN, G. W. The evolution of the frontal lobes: a volumetric analysis based on three-dimensional reconstructions of magnetic resonance scans of human and ape brains. *Journal of Human Evolution.* 1997, no. 32, pp. 375–388.

BANYAS, C. A. Evolution and phylogenetic history of the frontal lobes. In: MILLER, B. L. & CUMMINGS, J. L. *The Human Frontal Lobes: Functions and Disorders.* New York: Guilford Press, 1999, pp. 83–106. Science and practice of neuropsychology series. ISBN 978-157-2303-904.

[50]
MACLEAN, P. D. *The Triune Brain in Evolution: Role in Paleocerebral Functions*. New York: Plenum Press, 1990. ISBN 03-064-3168-8.

[51]
LEDOUX, J. *The Emotional Brain: The Mysterious Underpinnings of Emotional Life*. 1st ed., New York: Simon, 1998. ISBN 978-068-4836-591.

LIDZ, C. S. *Early Childhood Assessment*. New York: John Wiley, 2003. ISBN 04-714-1984-2.

DU PLESSIS, E. *The Branded Mind: What Neuroscience Really Tells Us About the Puzzle of the Brain and the Brand*. Philadelphia: Kogan Page, 2011. ISBN 07-494-6298-1.

[52]
MASCARÓ, J. *The Dhammapada: The Path of Perfection*. Harmondsworth: Penguin, 1973. ISBN 01 404-4284-7.

HAIDT, J. *The Happiness Hypothesis: Finding Modern Truth in Ancient Wisdom*. New York: Basic Books, 2006. ISBN 04-650-2801-2.

STEEL, P. *The Procrastination Equation: How to Stop Putting Things Off and Start Getting Stuff Done*. 1st ed., New York: Harper, 2011. ISBN 00-617-0361-3.

[53]
BAUMEISTER, R. F., MURAVEN, M. & TICE, D. M. Ego depletion: A resource model of volition, self-regulation, and controlled processing. *Social Cognition*, 2000, 18th ed.,, no. 2, pp. 130–150.

HAGGER, M. S., WOOD, C., STIFF, C. & CHATZISARANTIS, N. L. D. Ego depletion and the strength model of self-control: A meta-analysis. *Psychological Bulletin*. 2010, 136th ed., no. 4, pp. 495–525.

BAUMEISTER, R. F., BRATSLAVSKY, E., MURAVEN, M. & TICE, D. M. Ego depletion: Is the active self a limited resource? *Journal of Personality and Social Psychology*. 1998, 74th ed., no. 5, pp. 1252–1265.

BAUMEISTER, R. F. Ego depletion and self-regulation failure: A resource model of self-control. *Alcoholism: Clinical*. 2003, 27th ed., no. 2, pp. 281–284.

BAUMEISTER, R. F. *Handbook of Self-Regulation: Research, Theory, and Applications*. New York: Guilford Press, 2007. ISBN 978-159-3854-751.

STEEL, P. *The Procrastination Equation: How to Stop Putting Things Off and Start Getting Stuff Done*. 1st ed., New York: Harper, 2011. ISBN 00-617-0361-3.

[54]
GAILLIOT, M. T., BAUMEISTER, R. F., DEWALL, C. N., MANER, J. K., PLANT, E. A., TICE, D. M., BREWER, L. E. & SCHMEICHEL, B. J. Self-control relies on glucose as a limited energy source: Willpower is more than a metaphor. *Journal of Personality and Social Psychology*. 2007, 92nd ed., no. 2, pp. 325–336.
FAIRCLOUGH, S. H. & HOUSTON, K. A metabolic measure of mental effort. *Biological Psychology*, 2004, 66th ed., no. 2, pp. 177–190.

[55]
BAUMEISTER, R. F., BRATSLAVSKY, E., MURAVEN, M. & TICE, D. M. Ego depletion: Is the active self a limited resource? *Journal of Personality and Social Psychology*. 1998, 74th ed., no. 5, pp. 1252–1265.
BAUMEISTER, R. F. Ego depletion and self-regulation failure: A resource model of self-control. *Alcoholism: Clinical*. 2003, 27th ed., no. 2, pp. 281–284.
TICE, D. M., BAUMEISTER, R. F., SHMUELI, D. & MURAVEN, M. Restoring the self: Positive affect helps improve self-regulation following ego depletion. *Journal of Experimental Social Psychology*. 2007, 43rd ed., no. 3, pp. 379–384.
BAUMEISTER, R. F. *Handbook of Self-Regulation: Research, Theory, and Applications*. New York: Guilford Press, 2007. ISBN 978-159-3854-751.

[56]
BARTON, J., & PRETTY, J., *What is the best dose of nature and green exercise for improving mental health? A multi-study analysis*. Environmental science & technology, 44th Ed., pp. 3947-3955.

[57]
HAGGER, M. S., WOOD, C., STIFF C. & CHATZISARANTIS, N. L. D. Ego depletion and the strength model of self-control: A meta-analysis. *Psychological Bulletin*. 2010, 136th ed., no. 4, pp. 495–525.
BAUMEISTER, R. F., BRATSLAVSKY, E., MURAVEN, M. & TICE, D. M. Ego depletion: Is the active self a limited resource? *Journal of Personality and Social Psychology*. 1998, 74th ed., no. 5, pp. 1252–1265.

MEAD, N. L., BAUMEISTER, R. F., GINO, F., SCHWEITZER, M. E. & ARIELY, D. Too tired to tell the truth: Self-control resource depletion and dishonesty. *Journal of Experimental Social Psychology*. 2009, 45th ed., no. 3, pp. 594–597.

BAUMEISTER, R. F. & TIERNEY, J. *Willpower Rediscovering the Greatest Human Strength*. London: Penguin Books, 2012. ISBN 978-014-3122-234.

BAUMEISTER, R. F. *Handbook of Self-Regulation: Research, Theory, and Applications*. New York: Guilford Press, 2007. ISBN 978-159-3854-751.

[58]

LALLY, P., VAN JAARSVELD, C. H. M., POTTS, H. W. W. & WARDLE, J. How are habits formed: Modelling habit formation in the real world. *European Journal of Social Psychology*. 2010, 40th ed., no. 6, pp. 998–1009.

[59]

MAURER, R. & HIRSCHMAN, L. A. *The Spirit of Kaizen: Creating Lasting Excellence One Small Step at a Time*. New York: McGraw-Hill, 2013. ISBN 00-717-9617-7.

IMAI, M. *Kaizen: The Key to Japan's Competitive Success*. 1st ed. New York: McGraw-Hill, 1986. ISBN 00-755-4332-X.

[60]

IYENGAR, S. S. & LEPPER, M. R. When choice is demotivating: Can one desire too much of a good thing? *Journal of Personality and Social Psychology*. 2000, 79th ed., no. 6, pp. 995–1006.

SCHWARTZ, B., WARD, A., MONTEROSSO, J., LYUBOMIRSKY, S., WHITE, K. & LEHMAN, D. R. Maximizing versus satisficing: Happiness is a matter of choice. *Journal of Personality and Social Psychology*. 2002, 83rd, no. 5, pp. 1178–1197.

BROCAS, I. & CARRILLO, J. D. *The Psychology of Economic Decisions*. 2nd ed., New York: Oxford University Press, 2003-2004. ISBN 0-19-925108-8.

SCHWARTZ, B. *The Paradox of Choice: Why More Is Less*. Reissued. New York: Harper Perennial, 2005. ISBN 978-006-0005-696.

IYENGAR, S. S. *The Art of Choosing*. 1st ed., New York: Twelve, 2010. ISBN 978-044-6504-119.

[61]
IYENGAR, S. S., HUBERMAN, G. & JIANG, G. How much choice is too much?: Contributions to 401(k) retirement plans. *Pension Design and Structure: New Lessons from Behavioral Finance*. 2005.

[62]
REDELMEIER, D. A. Medical decision making in situations that offer multiple alternatives. *The Journal of the American Medical Association*. 1995, 273rd ed., no. 4, pp. 302–305.

[63]
GILBERT, D. T. & EBERT, J. E. Decisions and revisions: the affective forecasting of changeable outcomes. *Journal of Personality and Social Psychology*. 2002, 82nd ed., no. 4, pp. 503–514.
IYENGAR, S. S., WELLS, R. E. & SCHWARTZ, B. Doing better but feeling worse: Looking for the "best" job undermines satisfaction. *Psychological Science*. 2006, 17th ed., no. 2, pp. 143–150.
SCHWARTZ, B. *The Paradox of Choice: Why More Is Less*. Reissued. New York: Harper Perennial, 2005. ISBN 978-006-0005-696.
IYENGAR, S. S. *The Art of Choosing*. 1st ed., New York: Twelve, 2010. ISBN 978-044-6504-119.

[64]
GILBERT, D. T. & EBERT, J. E. Decisions and revisions: the affective forecasting of changeable outcomes. *Journal of Personality and Social Psychology*. 2002, 82nd ed., no. 4, pp. 503–514.

[65]
MILLER, G. A. The magical number seven, plus or minus two: some limits on our capacity for processing information. *Psychological Review*. 1956, 63rd ed., no. 2, pp. 81–97.
HALFORD, G. S., a kol. How many variables can humans process? *Psychological Science*, 2005, 16th ed., no. 1, pp. 70–76.

[66]
HANEY, C., BANKS, W. C. & ZIMBARDO, P. G. Study of prisoners and guards in a simulated prison. *Naval Research Reviews*, 1973, no. 9, pp. 1–17.
ZIMBARDO, P. G., MASLACH, C. & HANEY, C. Reflections on the Stanford Prison Experiment: Genesis, transformations, consequences. In: BLASS, T. (Ed.), *Obedience to Authority: Current Perspectives on the Milgram Paradigm*, 2000, pp. 193–237.

HANEY, C. a kol. Interpersonal dynamics in a simulated prison. *International Journal of Criminology and Penology*, 1973, no. 1, pp. 69–97.
ZIMBARDO, P. G. *The Stanford Prison Experiment* [online]. 1999, 2013 [qt. 2013-03-25]. Web: http://www.prisonexp.org

ZIMBARDO, P. G. *The Lucifer Effect: Understanding How Good People Turn Evil*. New York: Random House Trade Paperbacks, 2008. ISBN 978-081-2974-447.

[67]
ZIMBARDO, P. G. *The Lucifer Effect: Understanding How Good People Turn Evil*. New York: Random House Trade Paperbacks, 2008. ISBN 978-081-2974-447.
ZIMBARDO, P. G. Power turns good soldiers into "bad apples". *The Boston Globe* [online]. 2004-05-09 [qt. 2013-03-25]. Web: http://www.boston.com/news/globe/editorial_opinion/oped/articles/2004/05/09/power_turns_good_soldiers_into_bad_apples
ZIMBARDO, P. G. & O'BRIEN, S. Researcher: It's not bad apples, it's the barrel. *CNN.com* [online]. 2004-05-21 [qt. 2013-03-25]. Web: http://articles.cnn.com/2004-05-21/us/zimbarbo.access_1_iraqi-prison-abu-ghraib-prison-sexual-humiliation
ZAGORIN, A. Shell-shocked at Abu Ghraib? *TIME Magazine* [online]. 2007-05-18 [qt. 2013-03-25]. Web: http://www.time.com/time/nation/article/0,8599,1622881,00.html

[68]
ZIMBARDO, P. G. A situationist perspective on the psychology of evil: Understanding how good people are transformed into perpetrators. In: MILLER, A. G. (Ed.). *The Social Psychology of Good and Evil*. New York: Guilford press, 2005, pp. 21–50. ISBN 978-159-3851-941.
ZIMBARDO, P. G. *The Lucifer Effect: Understanding How Good People Turn Evil*. New York: Random House Trade Paperbacks, 2008. ISBN 978-081-2974-447.

[69]
ZIMBARDO, P. G. *The Lucifer Effect: Understanding How Good People Turn Evil*. New York: Random House Trade Paperbacks, 2008. ISBN 978-081-2974-447.
ZIMBARDO, P. G. & FRANCO, Z. Celebrating heroism. *The Lucifer Effect* [online]. 2006, 2013 [qt. 2013-03-25]. Web: http://www.lucifereffect.com/heroism.htm

[70]
BROWN, M. Comfort zone: Model or metaphor? *Australian Journal of Outdoor Education*. 2008, 12th ed., no. 1, pp. 3–12.
BERRIDGE, K. C. & KRINGELBACH, M. L. Affective neuroscience of pleasure: reward in humans and animals. *Psychopharmacology*. 2008, no. 3, pp. 457–480.
PANICUCC, J., PROUTY, D. & COLLINSON, R. *Adventure Education: Theory and Applications*. Champaign, IL: Human Kinetics, 2007. ISBN 978-073-6061-797.
CSÍKSZENTMIHÁLYI, M. *Finding Flow: The Psychology of Engagement with Everyday Life*. 1.st ed., New York: Basic Books, 1997. ISBN 04-650-2411-4.
CSÍKSZENTMIHÁLYI, M. *Flow: The Psychology of Optimal Experience*. New York: HarperPerennial, 1991. ISBN 00-609-2043-2.

[71]
NITOBE, I. *Bushido: The Soul of Japan: A Classic Essay on Samurai Ethics*. 1st ed., Tokyo: Kodansha International, 2002. ISBN 47-700-2731-1.

[72]
KEELY, L.C. Why isn't growth making us happier? Utility on the hedonic treadmill. *Journal of Economic Behavior*. 2005, 57th ed., no. 3, pp. 333–355.
LYUBOMIRSKY, S., SHELDON, K. M. & SCHKADE, D. Pursuing happiness: The architecture of sustainable change. 2005, UC Riverside.
SHELDON, K. M. & LYUBOMIRSKY, S. Achieving sustainable gains in happiness: Change your actions, not your circumstances. *Journal of Happiness Studies*. 2006, 7th ed., no. 1, pp. 55–86.
PINK, D. H. *Drive: The Surprising Truth About What Motivates Us*. 1st ed., New York: Riverhead Books, 2011. ISBN 978-159-4484-803.

[73]
MARCHAND, W. R. et al. Neurobiology of mood disorders. *Hospital Physician*, 2005, 41st ed., no. 9, pp. 17.

[74]
AMANO, T., DUVARCI, S., POPA, D. & PARE, D. The fear circuit revisited: Contributions of the basal amygdala nuclei to conditioned fear. *Journal of Neuroscience*. 2011, 31st ed., no. 43, pp. 15481–15489.

DIAMANDIS, P. H. & KOTLER, S. *Abundance: The Future Is Better Than You Think*. 1st ed., New York: Free Press, 2012. ISBN 14-516-1421-7.
SHERMER, M. *The Believing Brain: From Ghosts and Gods to Politics and Conspiracies – How We Construct Beliefs and Reinforce Them as Truths*. St. Martin's Griffin, 2012. ISBN 978-125-0008-800.

[75]
AMANO, T., DUVARCI, S., POPA, D. & PARE, D. The fear circuit revisited: Contributions of the basal amygdala nuclei to conditioned fear. *Journal of Neuroscience*. 2011-10-26, 31st ed., no. 43, pp. 15481–15489.
DIAMANDIS, P. H. & KOTLER, S. *Abundance: The Future Is Better Than You Think*. 1st ed., New York: Free Press, 2012. ISBN 14-516-1421-7.

[76]
DIAMANDIS, P. H. & KOTLER, S. *Abundance: The Future Is Better Than You Think*. 1st ed., New York: Free Press, 2012. ISBN 14-516-1421-7.
SHERMER, M. *The Believing Brain: From Ghosts and Gods to Politics and Conspiracies – How We Construct Beliefs and Reinforce Them As Truths*. St. Martin's Griffin, 2012. ISBN 978-125-0008-800.

[77]
HAUB, C. How Many People Have Ever Lived on Earth? *Population Reference Bureau* [online]. 1995, 2002 [qt. 2013-03-25]. Web: http://www.prb.org/Articles/2002/HowManyPeopleHaveEverLivedonEarth.aspx

[78]
SWEENEY, P. D., ANDERSON, K. & BAILEY, S. Attributional style in depression: A meta-analytic review. *Journal of Personality and Social Psychology*. 1986, 50th ed., no. 5, pp. 974–991.
PETERSON, C., MAIER, S. F. & SELIGMAN, M. E. P. *Learned Helplessness: A Theory for the Age of Personal Control*. New York: Oxford Univ. Press, 1993. ISBN 978-019-5044-676.
SELIGMAN, M. E. P. *Learned Optimism: How to Change Your Mind and Your Life*. 1st ed., New York: Vintage Books, 2006. ISBN 140-007-8393-1400.

[79]

SELIGMAN, M. E. P. Learned helplessness. *Annual Review of Medicine*. 1972, 23rd ed., no. 1, pp. 407–412.

SELIGMAN, M. E., ROSELLINI, R. A. & KOZAK, M. J. Learned helplessness in the rat: Time course, immunization, and reversibility. *Journal of Comparative and Physiological Psychology*, 1975, 88th ed., no. 2, pp. 542–547.

SELIGMAN, M. E. *Helplessness: On Depression, Development, and Death*. New York: W. H. Freeman, 1992. ISBN 07-167-2328-X.

PETERSON, C., MAIER, S. F. & SELIGMAN, M. E. P. *Learned Helplessness: A Theory for the Age of Personal Control*. New York: Oxford Univ. Press, 1993. ISBN 978-019-5044-676.

SELIGMAN, M. E. P. *Learned Optimism: How to Change Your Mind and Your Life*. 1st ed., New York: Vintage Books, 2006. ISBN 140-007-8393-1400.

[80]

SELIGMAN, M. E., ROSELLINI, R. A. & KOZAK, M. J. Learned helplessness in the rat: Time course, immunization, and reversibility. *Journal of Comparative and Physiological Psychology*, 1975, 88th ed., no. 2, pp. 542–547.

[81]

ZIMBARDO, P. & BOYD, J. *The Time Paradox: The New Psychology of Time That Will Change Your Life*. 1st ed., New York: Free Press, 2009. ISBN 978-141-6541-998.

[82]

ZIMBARDO, P. G. & BOYD, J. N. Putting time in perspective: A valid, reliable individual-differences metric. *Journal of Personality and Social Psychology*. 1999, 77th ed., no. 6, pp. 1271–1288.

HARBER, K., ZIMBARDO, P. G. a BOYD, J. N. Participant self-selection biases as a function of individual differences in time perspective. *Basic and Applied Social Psychology*. 2003, 25th ed., no. 3, pp. 255–264.

ZIMBARDO, P. G. & BOYD, J. N. *The Time Paradox: The New Psychology of Time That Will Change Your Life*. 1st ed., New York: Free Press, 2009. ISBN 978-141-6541-998.

[83]

FRANKL, V. E. *Man's Search for Meaning*. Boston: Beacon Press, 2006. ISBN 08-070-1427-3.

[84]
BROWN, M. Comfort zone: Model or metaphor? *Australian Journal of Outdoor Education*. 2008, 12th ed., no. 1, pp. 3–12.
PANICUCC, J., PROUTY, D. & COLLINSON, R. *Adventure Education: Theory and Applications*. Champaign, IL: Human Kinetics, 2007. ISBN 978-073-6061-797.

[85]
TEDESCHI, R. G. & CALHOUN, L. G. Target article: Posttraumatic growth. *Psychological Inquiry*. 2004, 15th ed., no. 1, pp. 1–18.
SELIGMAN, M. E. P. *Flourish: A Visionary New Understanding of Happiness and Well-Being*. 1st ed., New York: Free Press, 2012. ISBN 978-143-9190-760.

[86]
PAUSCH, R. & ZASLOW, J. *The Last Lecture*. 1st ed., New York: Hyperion, 2008. ISBN 14-013-2325-1.

[87]
SELIGMAN, M. E. P., STEEN, T. A., PARK, N. & PETERSON, C. Positive psychology progress: Empirical validation of interventions. *American Psychologist*. 2005, 60th ed., no. 5, pp. 410–421.
U.S. ARMY. *Comprehensive Soldier & Family Fitness: Building Resilience & Enhancing Performance* [online]. 2013, [qt. 2013-03-25]. Web: http://www.acsim.army.mil/readyarmy/ra_csf.htm
SELIGMAN, M. E. P. *Flourish: A Visionary New Understanding of Happiness and Well-Being*. 1st ed., New York: Free Press, 2012. ISBN 978-143-9190-760.

[88]
SELIGMAN, M. E. P., STEEN, T. A., PARK, N. & PETERSON, C. Positive psychology progress: Empirical validation of interventions. *American Psychologist*. 2005, 60th ed., no. 5, pp. 410–421.
SELIGMAN, M. E. P. *Flourish: A Visionary New Understanding of Happiness and Well-Being*. 1st ed., New York: Free Press, 2012. ISBN 978-143-9190-760.

[89]
KAHNEMAN, D. & KRUEGER, A. B. Developments in the measurement of subjective well-being. *Journal of Economic Perspectives*. 2006, 20th ed., no. 1, pp. 3–24.
SCHWARZ, N. & STRACK, F. Reports of subjective well-being: Judgmental processes and their methodological implications. *Well-being: The foundations of hedonic psychology*, 1999, pp. 61–84.
SCHWARZ, N. & CLORE, G. L. Mood, misattribution, and judgments of well-being: Informative and directive functions of affective states. *Journal of Personality & Social Psychology*. 1983, 45th ed., no. 3, pp. 513–523.
BOWER, G. H. Mood and memory. *American Psychologist*. 1981, 36th ed., no. 2, pp. 129–148.
WATKINS, P. C., VACHE, K., VERNEY, S. P. & MATHEWS, A. Unconscious mood-congruent memory bias in depression. *Journal of Abnormal Psychology*. 1996, 105th ed., no. 1, pp. 34–41.
GILBERT, D. T. *Stumbling on Happiness*. 1st ed., New York: A. A. Knopf, 2006. ISBN 14-000-4266-6.

[90]
FUOCO, M. A. Trial and error: They had larceny in their hearts, but little in their heads, *Pittsburgh Post-Gazette*, 1996-05-21.
KRUGER, J. & DUNNING, D. Unskilled and unaware of it: how difficulties in recognizing one's own incompetence lead to inflated self-assessments. *Psychology*, 2009, no. 1, pp. 30–46.

[91]
JOHNSON-LAIRD, P. N. *Mental Models: Towards a Cognitive Science of Language, Inference, and Consciousness*. 5th ed., Cambridge, Mass: Harvard University Press, 1993. ISBN 978-067-4568-822.
PRINCETON UNIVERSITY. *Mental Models & Reasoning* [online]. [qt. 2013-03-25]. Web: http://mentalmodels.princeton.edu

[92]
KRUGER, J. & DUNNING, D. Unskilled and unaware of it: how difficulties in recognizing one's own incompetence lead to inflated self-assessments. *Psychology*, 2009, no. 1, pp. 30–46.

[93]
HARRIS, S., SHETH, S. A. & COHEN, M. S. Functional neuroimaging of belief, disbelief, and uncertainty. *Annals of Neurology*. 2008, 63rd ed., no. 2, pp. 141–147.

[94]
VUILLEUMIER, P. Anosognosia: The neurology of beliefs and uncertainties. *Cortex*. 2004, 40th ed., no. 1, pp. 9–17.
VALLAR, G. & RONCHI, R. Anosognosia for motor and sensory deficits after unilateral brain damage: A review. *Restorative Neurology and Neuroscience*, 2006, 24th ed., no. 4, pp. 247–257.
PRIGATANO, G. P. & SCHACTER, D. L. *Awareness of Deficit after Brain Injury: Clinical and Theoretical Issues*. New York: Oxford University Press, 1991. ISBN 01-950-5941-7.

[95]
The anatomical basis of anosognosia – backgrounder. *Treatment Advocacy Center* [online]. 2012 [qt. 2013-03-25]. Web: http://www.treatmentadvocacycenter.org/about-us/our-reports-and-studies/2143

[96]
CRITCHLEY, M. Modes of reaction to central blindness. *Proceedings of the Australian Association of Neurologists*, 1968, 5th ed., no. 2, pp. 211.
PRIGATANO, G. P. & SCHACTER, D. L. *Awareness of Deficit after Brain Injury: Clinical and Theoretical Issues*. New York: Oxford University Press, 1991. ISBN 01-950-5941-7.

[97]
KRUGER, J. & DUNNING, D. Unskilled and unaware of it: How difficulties in recognizing one's own incompetence lead to inflated self-assessments. *Psychology*, 2009, no. 1, pp. 30–46.

[98]
ARIELY, D. *The Upside of Irrationality: The Unexpected Benefits of Defying Logic*. 1st ed., New York: HarperPerennial, 2011. ISBN 978-006-1995-040.
ARIELY, D. *Predictably Irrational: The Hidden Forces That Shape Our Decisions*. 1st ed., New York: Harper Perennial, 2010. ISBN 978-006-1353-246.

[99]
WHITSON, J. A. & GALINSKY, A. D. Lacking control increases illusory pattern perception. *Science*. 2008, 322nd ed., no. 5898, pp. 115–117.
MUSCH, J. & EHRENBERG, K. Probability misjudgment, cognitive ability, and belief in the paranormal. *British Journal of Psychology*. 2002, 93rd ed., no. 2, pp. 169–177.
BRUGGER, P., LANDIS, T. & REGARD, M. A "sheep-goat effect" in repetition avoidance: Extrasensory perception as an effect of subjective probability? *British Journal of Psychology*. 1990, 81st ed., no. 4, pp. 455–468.
SHERMER, M. *The Believing Brain: From Ghosts and Gods to Politics and Conspiracies – How We Construct Beliefs and Reinforce Them As Truths*. St. Martin's Griffin, 2012. ISBN 978-125-0008-800.

[100]
BBC. 1978: Mass suicide leaves 900 dead. *BBC.com* [online]. 1978-11-18 [qt. 2013-03-25]. Web: http://news.bbc.co.uk/onthisday/hi/dates/stories/november/18/newsid_2540000/2540209.stm
WESSINGER, C. *How the Millennium Comes Violently: From Jonestown to Heaven's Gate*. New York: Seven Bridges Press, 2000. ISBN 18-891-1924-5.

“华章心理阅读领航者·推荐书单”

“战胜拖延症”主题阅读推荐

推荐人：高地清风

（华章心理阅读领航者、拖延干预与行为改变专家、正念冥想导师）

《驯服情绪性拖延：8个工具帮你高效达成目标》

浅显易懂的入门小书，新人可以轻松阅读。即使你是资深的自我探索者，书中的练习也会让你有所收获。

《驯服你的脑中野兽：提高专注力的45个超实用技巧》

要更好地保持专注、减少拖延，你需要怎样聪明地确定目标，有效地休息？一本有趣、具体、又有扎实的科学基础的书

《幸福的陷阱》

这是一本技术硬核、读来轻松的操作书，将正念冥想的核心要素娓娓道来，帮你投入有意义的行动

《习惯心理学：如何实现持久的积极改变》

行为改变的核心和难点，是改变习惯。任何事情如能形成这种习惯，就再也不会耗费你的意志力

《终结拖延症》

较为专业的拖延分析和应对书。从认知、情绪和行为三方面，帮你进一步洞察拖延模式

《转行：发现一个未知的自己》

有些事你用尽浑身解数，也无法燃起热情，拖延依旧。这时候，不妨追随你内心真正的召唤，用书中的逆向思维，换一条职业路径